심정섭의
역사 하브루타

지식을 넘어서 지혜로, 인지를 넘어서 인성으로,
아이와 부모가 함께 성장하는 '탈무드식 독서토론'

우리 아이와 가정을 세우는 행복한 소통 교육

심정섭의 역사 하브루타

심정섭 지음

더디퍼런스

제 유대인 관련 책은 참 많은 우여곡절과 어려움을 겪고 세상에 나왔습니다. 처음《질문이 있는 식탁, 유대인 자녀 교육의 비밀》을 낼 때는 원고를 넘기고도 몇 년을 기다려야 했습니다. 유대인 자녀 교육에 대한 새로운 관심을 불러일으킨 고재학 한국일보 논설위원님의《부모라면 유대인처럼》과 전성수 교수님의《부모라면 유대인처럼 하브루타로 교육하라》의 여세를 몰아 출판사에서 바로 책을 내려고 했으나, 그 당시 이스라엘의 가자 침공 사건이 터지면서 유대인 관련 여론이 안 좋아지자 출간이 연기되었습니다. 그리고 비슷한 시기에 번역한 조셉 리버만의《The Gift of Rest》(안식의 선물)는 아직까지 출간되지 못했고요. 이런 어려움에도 불구하고 저자의 유대인 관련 서적의 물고를 터 주신 연준혁 사장님께 다시 한 번 감사의 말씀을 드립니다.

유대인 관련 두 번째 책인《1% 유대인의 생각훈련》도 원고를 완성한 후 세 번이나 출판사가 바뀌고, 전면 수정을 한 끝에 간신히 세상에 나올 수 있었습니다. 다행히 매경출판사의 권병규 과장님과 강현호 편집자님을 만나 빛을 볼 수 있었고, 현재 탈무드 및 자기계발 분야 스테디셀러로 자리 잡게 되었습니다. 1쇄만이라도 책이 좋은 독자들을 만났으면 하는 바람이었는데, 출간 1년 만에 5쇄를 냈습니다.

앞의 두 책에 비해 본서는 참 순조롭게 나왔습니다. 제 첫 책인《스무 살 넘어 다시 하는 영어》를 편집한 김주연 실장님과의 자연스런 재회와 더디퍼런스 조상현 대표님과의 귀한 만남 가운데 일사천리로 작업이 진행되었습니다. 다시 한 번 이 자리를 빌어 두 분과 편집, 교정, 디자인의 힘든 과정에서 최선을 다해 주시고, 좋은 책을 만들어 주신 더디퍼런스와 디자인 IF에 감사의 말씀을 드립니다.

무엇보다 이 순조로운 작업이 가능했던 가장 큰 이유는 바로 매달 진행하는 탈무드식 독서 토론을 지켜 준 우리 '독토' 가족들 덕분입니다. 사실 이 책 절반의 저자는 저와 함께 탈무드식 독서 토론을 참여한 많은 부모님들과 아이들이라고 할 수 있습니다.

처음 독서 토론 모임 자리를 마련해 주신 메디플라워 정환욱 원장님과 남연화 대표님께 감사의 말씀을 먼저 드립니다. 그리고 그 씨앗을 같이 뿌려 준 태윤이네, 시화네, 하연이네, 현우네, 우주네, 주은이네, 율이네, 효준이네 등 자연출산, 자연육아 가정에게 감사드립니다. 이후 독토의 어려운 시기를 지켜 준 일등 공신은 경원, 나음이네 아빠, 엄마인 유수현, 김은숙 님 입니다. 첫 만남 이후 지금까지 자연출산, 자연육아, 독서 토론 모임, 건강 독서, 필리핀 영성 훈련, 가정 중심의 더 나은 교육까지 제가 말하는 모든 이론을 직접 실천하며 행복한 가정을 이뤄 나가고 있습니다. 다시 한 번 이 자리를 빌어 경원이네 가족에게 감사의 말을 전하고 싶고, 매번 독서 토론실 예약과 온갖 궂은일을 맡아 주신 경원아빠에게 더 큰 감사를 드리고 싶습니다. 그리고 독서 모임에서 시작하여 더 큰 가치를 향해 같은 길을 가고 있는 관우네 가정(허영욱, 김수정 님), 정원이네 가정(이춘희 님)에도 다시 한 번 감사의 말씀을 드립니다.

최근 독서 토론 모임에 세 번 이상 참석한 가정도 한 분 한 분 이름을 불러드리고 싶습니다.

강윤성, 고해린, 김나일, 김서윤, 김서준, 김이준, 김지윤, 도현우, 문재연, 배솔, 백세이, 우태균, 유재아, 이범수, 이시우, 이여은, 이지호, 이하연, 임준, 임하정, 장우혁, 정준영, 최서연, 최시호, 최연아, 최우진, 한성호, 허관우, 허윤슬, 황서영

일일이 이름을 언급하지 못한 무수한 '독토' 가족들에게도 감사드리고, 여러분들이 바로 '독토'의 주인공이었음을 말씀드리고 싶습니다.

저는 지난 20년간 교육 현장에서 아이들을 가르치며, 무너지는 공·사교육을 살릴 수 있는 유일한 희망은 가정 중심 교육의 회복이라고 생각했습니다. 그리고 그 답을 유대인과 우리나라 명문가의 자녀 교육 원리에서 찾고자 했고, 이 새로운 시도는 정통파 유대인 가정 교육 연구의 길을 열어 주신 〈쉐마 교육 연구소〉 현용수 박사님과의 만남과 가르침이 있었기에 가능했습니다. 그 길에서 만난 '하브루타 운동'의 원조이신 故 전성수 교수님과 〈탈무드랜드〉 김정완 대표님의 가르침과 조언에도 감사의 말씀을 드립니다.

독서 토론을 통해 유대인 자녀 교육 원리를 한국적으로 적용하는 데 가능성을 발견하게 해 주신 〈3P 자기 경영 연구소〉 강규형 대표님과 '나비 독서 모임' 장주영 팀장, 최원일 선생님께도 다시 한 번 감사의 말씀을 드립니다.

제 독서 토론의 멘토이자, 인생의 멘토이신 〈생각디자인연구소〉의 이용각 대표님과 홈스쿨링을 하며 유대인 자녀 교육 원리를 적용하고 있는 〈홈스쿨 대디〉 김용성 교수님께도 큰 감사의 말씀을 전하고 싶습니다. 그리고 이용각 대표님께서 본격적으로 시작하신 '신문 하브루타'와도 많은 시너지가 나기를 기대합니다.

마지막으로 매달 만남을 통해 새로운 통찰을 전해 주시는 〈밥딜런〉 모임의 '가정 행복코치' 이수경 회장님, 이구환 대표님, '웃음박사'에서 '심리패턴박사'로 진화하시는 이요셉 소장님, '커넥팅 마스터' 김욱진 대표님, '소통테이너' 오종철 대표님, '건강독서문화연구소' 백용학 소장님께 감사의 말씀을 드리고, 특히 늘 부족한 저자를 친동생처럼 아껴 주고 많은 사랑을 주시는 이은덕 형님께 다시 한 번 감사의 말씀을 드립니다.

늘 함께 기도해 주시고 응원해 주시는 부모님과 저의 존재 이유인 Esther와 Zion의 사랑에 다시 한 번 감사드리고, 미국에 있는 동생 명섭 가족에게도 작은 선물이 되길 바랍니다. 조카인 재현, 재우, 예은이도 아빠, 엄마와 같이 이 책을 읽고, 더 많은 대화와 소통을 하며 더욱 아름답게 자라기를 소원합니다.

역사 하브루타로 꿈꾸는 더 행복한 교육

유대인 자녀 교육과 하브루타 토론

저는 원래 지난 20년간 강남에서 고3과 편입 대학생 입시 지도를 해 왔습니다. 그런데 10여 년 전부터 이상한 일을 경험하고 있습니다. 제가 대학에 보낸 제자들이 대학을 졸업하고도 반 정도는 취업이 안 되고, 취업한 학생들의 반은 정규직이 아닌 비정규직으로 1-2년 뒤에 다시 직장을 구해야 하는 현실이었습니다. 지금도 이렇게 취업이 힘든데, 앞으로 알파고 같은 인공 지능이 우리의 많은 일자리를 대체하면 어떻게 될까요? 지금보다 대학을 나와서 할 수 있는 일이 더 줄어들 것 같습니다. 좀 더 근본적인 문제는 '과연 지금처럼 수동적으로 수업을 듣고 문제지를 푸는 교육을 받아서 우리 아이들이 4차 산업 혁명 시대나 인공 지능 시대를 제대로 대비할 수 있을까'라는 질문이었습니다.

저는 그 질문에 대한 하나의 답을 유대인 자녀 교육 원리에서 찾았습니다. 여러 가지를 말할 수 있지만 유대인 자녀 교육의 원리는 '가정 중심 교육', '인성 중심 교육', '토론 중심 교육'입니다. 각각의 주제로 책 한 권씩 나올 내용이지만 여기서는 토론 중심 교육, 하 브루타 교육에 초점을 두고 그동안의 실천 사 례에서 얻은 성과들을 공유하고자 합니다.

둘씩 짝을 지어 공부하는 유대인 학생들

먼저 '하브루타'라는 말을 들어 보셨는지요? 하브루타는 친구라는 뜻 의 히브리어 '하베르'에서 온 말로, 같이 공부하는 '토론 짝', '공부 짝'을 말합니다. 위에 사진을 볼까요? 제가 미국의 유대인 학교에 가서 찍은 사 진입니다. 학생들이 수업 시간에 이렇게 둘씩 짝을 지어 공부합니다.

이는 우리 아이들의 공부 모습과 아주 다릅니다. 우리나라 도서관에 서의 모습은 어떻습니까? 칸막이가 있고 오로지 내 공부만 열심히 합니 다. 대부분의 가정에서 공부하는 모습은 어떤가요? 엄마는 여성 잡지나 소설을 보고, 아이들은 학습지나 문제지를 풀고 있습니다. 혹은 아빠는 스마트폰으로 야구 동영상을 보고, 아이들은 공룡책이나 만화책을 봅니 다. 부모와 아이가 같은 주제의 책을 읽고 토론하거나 이야기할 시간이 없습니다. 이러한 대화와 소통의 단절은 이후 심각한 사춘기나 청소년 문제의 원인이 되기도 합니다. 그러면 어떻게 부모와 자녀가 같은 주제 를 가지고 토론하고 소통하며, 앞으로 어떤 삶을 살지에 대해서 자연스 럽게 이야기하는 시간을 가질 수 있을까요? 이 점이 제가 뜻을 같이 하 는 가정들과 함께 독서 토론 모임을 만들어 지난 5년 동안 실천한 이유 입니다. 그 주제는 많은 가정이 보편적으로 접근할 수 있는 우리 역사로 시작했습니다.

탈무드식 역사 토론의 실제

구체적인 실례를 들어 이야기해 볼까요? 아래는 제가 부모 역할을 하고, 초등학교 4학년 아이와 고구려 주몽 이야기로 대화를 나눈 내용입니다.

(앞의 내용 생략)

부모 그래 민속촌이나 놀이동산에 활 쏘는 곳도 있고, 정식으로 국궁이나 양궁을 배울 수 있는 곳이 있다던데, 나중에 한번 같이 알아보자꾸나. 오늘 주몽 이야기를 보면서 제일 인상 깊었던 내용은 무엇이었니?

수진 주몽이 너무 유명해지니까 형들이 시기해서, 말 돌보는 일을 맡겼는데요. 그 일을 주몽이 잘 견디고 오히려 좋은 기회로 만들어서 나중에 나라를 만든 거요.

부모 그래, 나도 그 부분이 가장 중요하다고 생각하는데, 혹시 수진이는 지금까지 지내면서 힘들고 어려운 때가 언제였니?

수진 음, 글쎄요? 아, 엄마가 빨래 개라고 시킬 때요.

부모 그래? 엄마가 빨래 개라고 시킨다고?

수진 네.

부모 아, 우리 수진이는 엄마가 빨래 개라고 시킬 때가 힘들었구나. 그런데 엄마 도와드리는 건 좋은 일인데 왜 그때가 힘들었을까? 하기 싫은데 시켜서 그랬니?

수진 아니요, 하기 싫어서 그런 게 아니라 엄마가 자주 짜증을 내면서 빨래 개라고 해서요.

부모 아 그래? '수진아! 쓸데없는 짓 하지 말고, 빨래나 개!' 이렇게 소리 지르거나 짜증 내시니?

수진 네, 그렇게 해요.

부모 아, 수진이는 엄마가 짜증 내면서 무언가를 시킬 때가 힘든 거구나.

수진 네, 맞아요.

부모 그럼 엄마는 왜 짜증 낸다고 생각하니?

수진 저나 제 동생이 말을 안 들어서요.

부모 아, 수진이나 동생이 말을 안 듣는 적이 많아서 엄마가 짜증 내시는구나. 그러면 수진이라도 엄마 말을 잘 들으면 엄마가 짜증을 좀 덜 내시지 않을까?

수진 네, 그럴 것 같아요.

부모 그래, 그럼 수진이가 가능한 엄마 말을 잘 듣고, 엄마도 수진이에게 뭔가 부탁할 때 친절하게 말하면 수진이가 힘들다고 생각하는 일이 훨씬 줄어들겠구나.

수진 그리고 동생이 까불 때가 힘들어요.

부모 어, 동생이 까불어? 어떻게?

수진 나이도 어린데 언니라고 안 부르고, '야'라고 하고 말을 안 들어요.

부모 아, 수진이는 동생이 '야'라고 부르고 말을 안 들으면 힘들구나. 그럼 그런 때는 어떻게 하니?

수진 저도 화를 내고 자주 싸워요.

부모 그래, 그렇게 하는 것도 한 방법이지만, 나는 최근에 다른 사람들이 내 감정을 헤치거나 부정적인 말을 할 때 대응하는 좋은 방법을 배웠는데, 수진이도 한번 적용해 볼래?

수진 그게 뭔데요?

부모 바로 상대방이 한 말을 그대로 반복해서 그 사람이 잘못한 것을 스스로 깨우치게 하는 방법이야. 예를 들어, 네가 지나가는데 어떤 아저씨가 '야 꼬마야'라고 무례하게 부르면, '저 꼬마 아니거든요.' 이렇게 화내기보다는 친절하게 '저 아저씨, 혹시 저를 꼬마라고 부르셨어요?'라고 그대로 반복하는 것이지.

수진 그렇게 하면 그 사람이 더 화내지 않나요?

부모 그래, 약간 말장난하는 것처럼 들릴 수도 있으니까 최대한 친절하게 진심을 담아 이야기해야지. 핵심은 저 사람이 나에게 던진 부정적인 말을 그대로 받지 말고, 다시 돌려주는 거야. 이것은 나중에 시간 되면 더 공부해 볼만한 주제인데, 나는 이런 식으로 최대한 다른 사람이 한 부정적인 말에 영향을 받지 않는 훈련을 하고 있어. 수진이도 한번 연습해 보면 좋을 것 같아.

수진 네, 한번 해 볼게요.

부모 오늘은 시간이 너무 늦었으니, 다음에 좀 더 주몽이 역경을 어떻게 견뎠고, 우리도 힘든 일이 있을 때 불평불만 하고 좌절하기보다 역경 속에서 어떻게 희망과 대안을 찾을 수 있는지 좀 더 이야기해 보자.

수진   알겠어요.

부모   그럼 다음 시간까지 수진이가 실천해 보고 싶은 것이 있니?

수진   우선 활쏘기 할 수 있는 곳이 어딘지 알아보고, 부정적인 말 그대로 반복해서 돌려주기 연습을 동생이나 친구들과의 관계에서 해 볼게요.

부모   그래, 좋아. 다음 시간까지 한번 해 보고 어떤 반응이 나오는지 이야기 나눠 보자.^-^

3자 대화를 통한 성숙한 소통

이 대화를 보고 어떤 점이 느껴지나요? 주몽이라는 역사적 인물의 삶을 이야기하다 나의 어려움을 나누고, 나는 앞으로 어떻게 살아야 할지에 대한 이야기로 자연스럽게 이어집니다. 그리고 엄마나 아빠는 아이가 어떻게 표현해야 할지 몰라 묻어 두었던 마음속 이야기를 자연스럽게 들을 수 있습니다. 일주일에 한 번씩 혹은 한 달에 한 번이라도 이렇게 아이들과 한 주제로 이야기를 나누고, 우리는 앞으로 어떻게 살아야 할지 나누면 삶의 깊이도 달라지고, 아이들과의 소통도 더 원활해지지 않을까요?

저는 이런 대화 양식을 3자 대화라고 합니다. 대화 양식을 크게 세 가지로 나눌 수 있는데, 하나는 일방적인 훈계와 잔소리입니다. 두 번째는 일상에 대한 소소한 수평적인 대화인데 이런 대화는 5분을 넘길 수 없습니다. 마지막이 위에서와 같이 하나의 책이나 주제를 놓고, 서로 공부하

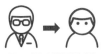

부모-자식 간 일방적인 대화

훈계와 잔소리밖에 되지 않는다

일상적인 쌍방 대화

친근감은 있으나 대화가 오래 이어지기 힘들다

텍스트(경전)

텍스트를 놓고 3자 대화

다양한 질문과 해석을 통해 서로 배우며 오래 소통할 수 있다

고 대화를 나누는 3자 대화입니다. 이런 대화를 많이 하면 잔소리나 훈계 없이도, 아이들 스스로 삶의 방향성을 찾을 수 있습니다. 유대인들은 가정에서 이런 것을 잘했던 것이죠.

이는 유대인 가정에서만 볼 수 있는 것이 아니었습니다. 우리나라에서도 이른바 명문 사대부 가정에서는 이런 모습을 쉽게 볼 수 있었습니다. 아버지도 논어를 읽고, 아들도 논어를 읽습니다. 아버지는 바깥일을 보고 돌아와 아들에게 오늘 공부한 내용을 외워 보게 하였고, 아들과 공부한 내용을 주제로 토론을 합니다.

"공자님이 말씀한 군자와 소인의 차이는 무엇이냐?"

"우리가 군자의 삶을 살기 위해서는 어떻게 해야겠느냐?"

이런 주제로 오랜 시간 이야기하며, 그런 가운데 또 다른 이런저런 이야기가 나오며 부모와 자녀가 서로 소통하고 공감대를 형성할 수 있는 시간이 있었습니다.

그런데 지금 우리 가정에서 나타나는 일반적인 모습은 어떤가요? 부모와 자녀가 같이

필자가 한 달에 한 번씩 진행하는 부모-자녀 탈무드식 독서 토론 모습

소통할 수 있는 중심이 없습니다. 그 중심을 세우는 작업을 누구나 보편적으로 받아들일 수 있고, 재미있게 접할 수 있는 '우리 역사로 하면 어떨까'가 제가 그동안 제안하고 실천한 모습입니다. 물론 부모 역시 그런 교육을 받아 보지 않았기에 소통이 쉽지 않습니다. 그래서 연습이 필요합니다. 이 연습은 선택이 아니라 필수가 되고 있습니다. 이런 노력을 하지 않고서는 제대로 된 미래 교육에 대한 대비도, 가정에서의 올바른 부모-자녀 간의 소통도 점점 힘들어지고 있기 때문입니다.

이 책을 낸 목적은 바로 우리 부모가 가르쳐 주지 못한 소통과 토론 교육을 우리 대에서부터 충분히 시작할 수 있음을 보여 주기 위함입니다. 아무쪼록 한 가정이라도 이런 실천 사례에서 용기를 얻어 아이들과 가정의 중심을 잡을 수 있는 '역사 혹은 이에 준하는 인문학 콘텐츠'로 소통의 장을 열기를 희망합니다.

차례

역사 하브루타의 이론과 실천

역사 하브루타의 실제

역사 하브루타를 하면 생기는 질문들

역사 하브루타로 변한 우리 가정

부록

1

역사 하브루타의
이론과 실천

01 진짜 하브루타는 인성 하브루타

유대인 교육 원리와 하브루타 토론

유대인에 대해서는 늘 상반된 평가가 공존했다. 노벨상 수상자를 가장 많이 배출하고, 세계의 지성사를 이끌어 간다는 긍정적 평가와 부러움이 한쪽의 견해이다. 또 한편으로는 다른 나라에 살면서도 자신들의 관습과 문화를 고집하는 폐쇄적인 민족이고, 나치의 유대인 대학살(홀로코스트)을 경험했음에도 이스라엘 건국 이후 정작 자신들은 팔레스타인들을 핍박하는 비극을 반복하고 있다는 부정적인 견해도 있다. 좀 더 나아가서는 세계의 경제와 금융, 언론, 문화를 좌지우지하며 세계를 지배한다고 보는 음모론도 있다. 그럼에도 불구하고 우리나라에서는 꾸준히 유대인 교육에 관심을 갖고, 방법론을 배우고자 하는 시도가 있었다.

유대인 교육 원리를 한 마디로 설명한다면 '가정 중심 교육', '소통 중심 교육'이라고 할 수 있다. 교육의 출발점이 학교나 회당(기독교의 교회 같은 공간)이 아니라 가정이다. 안식일 가정 식탁과 아버지와의 1:1 토론 교육이 중심이다. 학교와 회당은 보조적인 역할을 한다. 또한 1:1 교육을 하다 보니 자연스럽게 자신의 생각과 의견을 충분히 말할 수 있는 소통 중심 교육이 된다.

그중에서 최근에 많은 관심을 받는 '하브루타'는 일종의 1:1 토론 교육법이다. '하브루타'는 히브리어로 '친구'라는 의미의 '하베르'에서 온 말로 1:1로 짝을 지어 토론하며 공부하는 방법론을 말한다. 원래 유대인의 경전인 토라(모세 오경)와 탈무드를 공부하기 위해 둘씩 짝을 지어 토론하는 전통에서 유래하였다. 하브루타 토론을 국내에 소개한 고(故) 전성수 교수와 초기 하브루타 활동가들의 가장 큰 관심은 무너진 우리 교육 현장의 대안을 찾는 것이었다. 지금의 주입식, 수동적 교육으로는 앞으로의 교육은 답이 없다는 문제의식에서 질문과 토론 중심으로 교육 현장을 바꿔 보고자 다양한 시도를 했다.

물론 이러한 시도는 의미가 있고, 많은 교육적 결과들이 나왔다. 하지만 근본적으로 가정이 빠진 하브루타, 그리고 '왜 살고 어떻게 살아야 하는지'에 대한 답을 찾기 위한 '인성 하브루타'가 아닌 공부하는 방법론으로써의 '인지 하브루타'는 여러 가지 한계에 부딪힐 수밖에 없다. 학교나 학원에서 1:1로 짝을 지어 토론하는 모습을 만들 수는 있지만, '왜 공부해야 하고, 어떻게 공부해야 하는지'에 대한 하브루타의 근본 취지를 이해하지 못하면 또 하나의 방법론에 머무를 가능성이 있다.

왜 유대인은 '하브루타'로 공부할까?

'하브루타'라는 토론 방법론에 주목하기 전에 '왜 유대인은 공부하는가'
에 대한 근본적인 질문을 할 필요가 있다. 유대교는 공부를 통해 구원을
얻을 수 있다고 믿는 종교이다. 유대인이 공부에 집착하게 된 시기는 BC
587년 남유다의 멸망으로 거슬러 올라간다. 바벨론 제국에 의해 예루살
렘과 그들의 성전이 파괴되고, 많은 사람들이 바벨론에 포로로 끌려가는
민족적 비극을 겪었다. 당시 유대 지도자들은 이전의 북이스라엘과 이번
의 남유다의 멸망이 그들의 경전인 토라의 계명을 제대로 지키지 않았
기 때문이라고 반성했다. 70년 이후 바벨론 포로에서 다시 이스라엘 땅
으로 돌아온 사람들은 이제부터는 토라에서 금하는 우상숭배를 철저히
배격하고, 온전히 토라 계명을 지키기 위한 노력에 힘을 쏟기 시작했다.
그리고 토라 계명을 어떻게 해야 잘 지킬 수 있는지에 대해 철저하게 연
구했다.

예를 들어, 토라 계명 중에 '안식일에는 일을 하지 말라'는 내용이 있
다. 그런데 여기서 하지 말라는 '일'은 무엇일까? 음식을 만드는 것은 일
인가? 물건을 옮기는 것은 일인가? 불을 켜는 것은 일인가? 다른 민족이
나 문화권에서 보기에는 시시콜콜해 보이는 문제지만, 유대인에게는 생
명이 걸린 문제였다. 실제 토라 계명에 따르면 안식일을 제대로 지키지

않는 사람은 공동체에서 쫓겨나고, 죽음을 당할 수도 있기 때문이다. 이전에는 계명을 상징적으로 생각하고 느슨하게 지키려고 했다가, 민족의 처절한 멸망을 경험한 유대인은 새롭게 시작한 역사에서 좀 더 철저히 계명을 연구하고 지키고 싶어 했다.

그러한 철저한 연구를 위해 필요한 것이 질문과 토론이었다. 위에서 본 대로 먼저 계명의 개념을 명확히 정의하고, 어떤 것은 허용하고 어떤 것은 허용하지 않는지 세세한 질문을 해야 한다. 대충 알아서 지키는 것은 허용하지 않았다.

진정한 하브루타는 인성 하브루타

여기에 하브루타의 핵심이 있다. 먼저 제대로 하브루타를 하기 위해서는 공부하는 교재나 텍스트가 이른바 '죽고 사는 문제'를 다룬 내용이어야 한다. 좀 더 순화해서 말하면 '나는 왜 살고, 어떻게 살아야 하는지'에 대한 답을 줄 수 있는 종교 경전이나 인문학 텍스트여야 한다. 주입식 교육의 대안으로 국어, 영어, 수학, 과학, 사회 같은 과목을 배우는 과정에서 질문과 1:1 토론 방법을 채용할 수 있다. 하지만 이것이 원래 하브루타를 하는 목적은 아니다.

예를 들어, 수학의 인수 분해를 배우기 위해 질문을 5개씩 만들어 와서 서로 토론하며 인수분해의 원리를 이해하고 공부할 수 있다.

-인수란 무엇인가?

-인수 분해는 왜 필요한가?

-인수 분해의 구체적인 예는 무엇인가?

-인수 분해를 잘하기 위해서는 어떻게 해야 하는가?

-실제 시험에서 인수 분해 문제는 어떻게 나오는가?

인수 분해를 수동적으로 배우기 전에, 먼저 주도적으로 이런 질문을 던지고, 깊이 생각해 보며 공부하면 훨씬 재미있게 공부할 수 있다.

하지만 실제 교육 현장에서 하브루타 식으로 정보와 지식을 습득하는 교육을 하면 여러 가지 난관에 부딪힐 수 있다. 먼저 아이들이 질문을 만드는 것에 익숙하지 않고 힘들어한다. 질문을 만들기 위해서는 생각을 해야 하는데 수학 이외에도 많은 과목을 공부해야 하고, 모든 과목을 이렇게 질문을 던지고 주도적으로 공부하기란 쉽지 않다. 그리고 이 모든 것을 하기 전에 던져야 할 질문이 있다.

'이 모든 과목을 아이들이 선택한 것인가?', '이 모든 과목을 도대체 왜 배우는 것일까?'

국어, 영어, 수학, 과학, 사회 과목의 교육 과정은 교육부에서 어른들이 짜서 내려 준 것이지 아이들이 스스로 배우고 싶어 선택한 게 아니다. 사실 교실에서 인지 교육에 하브루타를 적용하기 전에 하브루타 방식으로 토론해야 할 주제는 바로 '나는 왜 공부하는가?'이다. 왜 국어를 해야 하고, 왜 영어를 해야 하고, 왜 어려운 수학 문제를 풀어야 하는지에 대한 질문을 던지고, 깊이 있는 답을 먼저 찾아야 한다.

결국 이런 질문은 무엇인가? '나는 왜 살고, 왜 공부해야 하는가?', '어떻게 살고, 어떻게 공부해야 하는가'에 대한 인문학적 질문이다. 이런 인문학적 질문이 바탕이 된 다음, 실용 지식 차원의 공부에서도 질문을 던지고, 1:1로 토론하는 하브루타 방법이 성과를 낼 수 있다.

02 백 권의 책보다 한 권의 책을
제대로 읽어야 하는 이유

다독보다 '삶의 중심이 되는 책 한 권'의 정독

유대인의 하브루타가 지식과 정보를 습득하기 위한 '인지 하브루타'가
아닌, 삶의 이유를 찾는 인문학적 '인성 하브루타'라는 점을 이해하였다
면, 왜 유대인이 정치, 경제, 사회, 문화, 과학 등 여러 주제의 책을 다독하
기보다, 토라 탈무드 같은 중심이 되는 책 한두 권을 반복해서 깊이 읽으
라고 하는지 제대로 이해할 수 있다.

유대인이 하는 공부의 근본적인 동기는 앞에서 말한 대로 그들의 경
전에 있는 계명을 제대로 실천하기 위함이다. 노벨상을 타기 위해, 세상
을 바꿀 이론을 만들기 위해, 좋은 대학에 가기 위해 공부하는 게 아니
다. 그런 공부는 학교에 가서 각자 알아서 할 영역으로 본다. 가정과 회

당에서 신경 쓰는 공부는 오로지 토라, 탈무드 공부이다. 토라는 모세 오경이라고 하는 구약 성경 중 앞의 다섯 챕터이다. 원래는 양피지 두루마리에 쓰여 있다. 전 세계 정통파 유대인은 모세 오경과 이에 딸린 선지서의 내용을 묶어 매주 같은 분량을 읽고, 같은 내용을 공부한다. 성인식을 마친 남자들은 평생 동안 탈무드를 공부하는 것을 삶의 큰 목표로 삼는다. 탈무드는 토라에 대한 일종의 해설서라고 할 수 있다. 영어 번역본으로 73권이나 되는 방대한 분량인데, 정통파 유대인이라면 일 년에 한 권이상씩 공부하여 평생 동안 몇 회독을 하는 것을 목표로 한다.

토라·탈무드를 공부할 때 미리 질문을 만들어 오고, 준비한 질문을 바탕으로 '토론 짝'(하브루타)과 함께 깊이 있는 토론을 하며 공부한다. 그 과정에서 논리력과 분석력, 표현력 등이 자연스럽게 길러진다. 이렇게 길러진 '공부 하드웨어'를 바탕으로 학교에서 과학이나 사회 같은 실용 학문을 공부하니 인지 공부를 잘하는 학생들이 많이 나오는 것이다.

토라·탈무드에는 종교적인 계명뿐 아니라, 정치, 경제, 사회, 문화, 역사, 과학 등 다양한 주제가 포괄되어 있다. 이러한 다양한 주제에 대한 이해는 다른 학문의 배경지식(Schemata)이 되어, 실용 학문을 공부하는 데 큰 도움이 된다. 결국 '유대인식 독서법'은 중심이 되는 책 한 권을 수십 번 읽으며 언어와 논리를 배운 후 자신의 전공이나 관련된 다른 정보와 지식을 빠른 속도로 습득하는 것이다.

이러한 원리는 유대인뿐 아니라, 우리 전통 유교 교육, 선비 교육에서도 찾아볼 수 있다. 우리나라 명문 사대부 가문에서 글공부를 한다는 것은 사람됨의 도리를 배우고 인격을 수양하기 위함이지, 지식과 정보를 얻고 기술을 익히기 위함이 아니었다. 그렇기에 글공부를 통해서 먼저 덕(德)을 쌓고, 나중에 재주를 길러야 한다는 덕승재(德勝才)의 원리가 강조되었다.

지금 이 시대의 독서와 교육에서 필요한 부분이 바로 이것이다. 왜 아이들이 이전보다 더 좋은 교육을 받고, 더 많은 지식과 정보를 습득하는데도 점점 무기력해져 갈까? 그리고 왜 이전보다 근성이 떨어지고, 게임이나 화장 같은 중독성 있는 놀이에 더욱 몰입할까? 결국 내가 왜 살고, 어떻게 살아야 할지에 대해 제대로 배우지 않고, 지식 정보 교육만 받고, 지나친 디지털, 미디어 환경에 노출되어 있기 때문이다.

정보와 지식을 가르치기 전에 사람됨과 인격, 한마디로 인성을 먼저 공부하고 배워야 한다. 그렇지 않고 공룡책만 읽고, 수학 문제지만 열심히 푼 아이들은 내가 왜 공부하고, 왜 살아야 하는지에 대한 답을 할 수 없다. 그리고 이런 질문에 답하지 못하는 상태에서 지식과 정보를 습득하는 공부가 재미있을 수 없다.

아이들이 삶의 중심을 갖고, 인지 교육도 더 의미 있게 하기 위해서는 다시 전통적인 인성 교육 모델로 돌아가야 하고, 그 과정에서 깊이 있는 나눔을 할 수 있는 한 가지 주제와 책이 있어야 한다. 인성을 기를 수 있는, 반복해서 읽을 만한 가치가 있는 한 권의 책은 가정마다 다를 수 있다. 종교 경전일 수도, 인문학 서적일 수도 있다. 어느 책이든지 간에 삶의 중심을 잡을 수 있고, 다음 세대에 전수할 만한 가치가 있는 내용을 반복해서 읽고, 더 깊이 공부해야 이후 제대로 된 독서와 공부가 이어질 수 있다.

제대로 된 인성 하브루타를 하기 위한 5가지 준비

1. 가족을 위해, 아이를 위해 떼어 놓은 시간이 있어야 한다.

아이가 마음의 문을 열고 충분히 자기 이야기를 하고, 질문할 수 있으려면 여유 있는 시간이 필요하다. 시간을 정해 놓고 숙제하듯이 하브루타를 하면 아이도 불편하고, 부모도 늘 쫓기는 기분이 된다.

2. 먼저 부모가 왜 살고, 어떻게 살아야 할지에 대한 공부가 되어 있어야 한다.

이런 인문학적 공부가 되어 있지 않으면, 매번 흔들리는 부모가 될 수밖에 없다. 하지만 어떤 부모도 이 공부가 완벽하게 되어 있지 않다. 평생 공부한다는 마음으로 지금부터 시작해야 한다. 그 공부를 혼자 하는 것이 아니라, 아이와 함께 토론하며 같이 하는 것이다.

3. 가르치는 게 목적이 아니라 함께 질문하고 답을 찾아가는 태도가 필요하다.

인성 하브루타에는 하나의 정해진 정답이 없다. 왜 살고, 어떻게 살아야 할지에 대한 답은 주어진 상황 속에서 매번 새롭게 찾아야 한다. 지식과 정보를 아이에게 가르치려고 하기보다, 아이와 함께 우리만의 답을 찾아가며 아이를 통해서도 배운다는 마음이 필요하다.

4. 매년 같은 주제와 내용을 반복할 수 있는 텍스트가 있어야 한다.

가장 좋은 것은 종교적 텍스트이다. 종교가 없는 가정은 역사나 문학, 철학과 같은 인문학 텍스트를 가지고 할 수 있다. 인문학 텍스트는 가능한 어린이용 교재가 있는 것으로 선택한다.

5. 같이 하는 공동체가 있으면 좋다.

아무래도 한 가정만 하다 보면 게을러지고, 꾸준히 하기 쉽지 않다. 뜻을 같이 하는 가정과 함께하고, 잘하는 가정의 모습을 통해 서로 배우고 격려하며 방법을 찾을 수 있다.

03 역사 하브루타로 시작하는
인성 교육과 지혜 교육

도대체 어디서부터 잘못된 걸까?

1999년 미국 콜로라도주 컬럼바인 고등학교에서 최악의 총기 사고가
있었다. 에릭과 딜런이라는 두 명의 고등학생이 교사 한 명과 학생 12명
을 죽이고, 자신들도 자살했다. 가해자들은 살려달라고 애원하며 도망
가는 학생들을 조준 사격하는 잔인함을 보였다. 보통 이런 범죄 사건이
발생하면 가해 학생들에 대한 전형적인 편견은 결손 가정에서 불우하
게 자란 아이일 것이라는 생각이다. 하지만 딜런의 가정은 화목한 중산
층 가정이었고, 엄마 수 클리보드는 자신이 아이와 소통을 잘하는 엄마
라고 생각하고 있었다. 이후 수 클리보드는 평범해 보였던 아들 딜런이
어떻게 이런 범죄에 휘말리게 되었는지, 왜 딜런은 학교생활의 힘듦이나

친구의 부추김을 엄마에게 말하지 않았는지 반성하고 공부했다. 그러고
는 사건 발생 16년 후《나는 가해자의 엄마입니다》라는 책을 내고, 미국
전역을 다니면서 딜런 같은 아이들이 나오지 않길 바라며 강연과 교육
하는 일을 하고 있다. 우리나라에는 다행히 총기 사고는 없지만 학교 폭
력이나 왕따 문제가 심각하고, 청소년 범죄도 나날이 잔혹해지는 양상이
다. 그리고 점점 이런 일에 연루되는 아이들이 위의 딜런 같이 겉으로는
평범해 보이고, 부모들이 자녀 교육에 신경을 많이 쓰는 가정에서 자란
경우가 많다는 사실이다.

위와 같이 심각한 수준은 아니지만 최근 필자의 주변에서 점점 아이
들과의 소통을 힘들어하는 '모범' 가정을 많이 본다. 한 번은 독서 모임
에 참석하는 엄마와 이 문제에 대해 토론한 적이 있다. 이 엄마는 거의
매주 토요일 아침 모임에 참석하며 독서도 하고 열심히 자기 계발을 하
는데, 자기 딸과는 거의 소통이 안 된다고 한다. 독서 모임에 같이 가자
는 이야기를 꺼내지 못할 뿐 아니라, 딸이 언제부터인가 엄마와 이야기
하는 것 자체를 피한다고 한다. '아 알았어, 제발….' 엄마가 딸에게 제일
많이 듣는 말이라고 한다.

대외적으로 심리 상담과 가정 관련 세미나도 많이 하는 한 대학 교수
가정에도 이런 문제가 있는 것을 보았다. 아이가 중학교에 간 후 나쁜 친
구들과 어울리기 시작했다. 유해 환경을 줄인다고 명문 학군에서 아이를
키웠는데도 딸이 중학교 때부터 술, 담배를 하기 시작했다. 본인 이미지
도 있고 아이를 위해서도 이건 아닌 것 같다는 생각에, 딸을 엄마와 함께

외국으로 보냈다. 한국 친구들만 떼어 놓으면 될 줄 알았는데 외국에 가서도 여전히 딸아이 상태가 나아지지 않았다.

마지막으로 아이가 어렸을 때부터 일 끝나면 집에 가서 아들을 위해 밤새 기차놀이도 하고, 주말에는 자전거도 열심히 타 주던, 어떻게 보면 '놀아 주는 아빠'의 대명사였던 한 후배 가정도 비슷한 고민을 하였다. 아들이 초등학교 고학년 때부터 게임에 빠져 하루 3시간 이상 게임을 하는 것이다. 엄마와는 게임 문제로 하루하루가 전쟁이다. 하지만 아무리 아들을 불러 놓고, 이야기하고 혼내도 더 이상 통제가 안 된다고 한다. 마지막 사례의 아빠와 이 문제를 상담할 때, 아빠가 이런 질문을 했다.

"선생님 도대체 어디서부터 잘못된 걸까요? 저는 나름 가정 중심으로 지내고, 아이와 충분히 놀아 주고 소통했다고 생각했는데, 왜 아이가 이렇게 생각지도 않은 방향으로 자랐을까요?"

다시 한 번 말하지만 위의 세 가정 모두 문제 부모가 문제 아이를 만든 경우가 아니다. 객관적으로 보면 세 부모는 우리나라 평균적인 부모 이상의 사람들이다. 모두 좋은 대학을 나오고, 책도 많이 읽고, 자녀 교육에 관심이 많고, 자상하고, 아이들을 위해 많은 시간을 보내려고 하는 '좋은' 부모들이다. 그런데 그런 부모들 밑에서 어떻게 이런 생각지도 못한 자녀들의 모습이 나오는 것일까?

가정이 아닌 길거리와 세상에서 삶을 배우는 아이들

여러 가지 원인을 찾을 수 있겠지만 필자는 EBS 다큐 〈세계의 교육 현장, 미국의 유대인 교육편〉에서 인터뷰했던 랍비 살렘 압슨의 말에서 하나의 답을 찾는다.

"왜 이렇게 토요일 저녁마다 아빠들이 모여서 자녀와 함께 유대교 경전인 토라와 탈무드를 열심히 공부하나요?"

우리나라 리포터의 질문에 랍비는 이렇게 답한다.

"만약에 우리 부모가 아이들을 가르치지 않으면, 아이들은 어디서 배우겠습니까? 길에서 배우지 않겠습니까? 그 길에서 무엇을 배웁니까? 당신도 이 세상이 아이들에게 무엇을 가르치고 있는지 알지 않습니까?"

유대인 부모가 가정에서 아이들에게 가르치는 것은 영어 단어 암기와 수학 문제 풀이가 아니다. 그들의 경전을 아이들과 같이 공부하며, 왜 살고, 어떻게 살아야 할지에 대한 답을 함께 찾는 것이다. 부모와 평소에 이런 토론을 하거나 소통한 적이 없던 아이들은 랍비가 말한 대로 결국 가정이 아닌 길에서 배울 수밖에 없다.

앞의 세 번째 아빠에게 필자는 이렇게 조언했다.

"아빠가 아이와 보내는 시간 대부분을 어떻게 보냈나요? 아이와 기차 놀이 하고, 주말에 같이 자전거 타고, 아이가 사달라는 걸 사 주고, 아이에게 맞춘 시간을 보냈지요. 물론 이것도 의미 있고, 이 정도도 못 해 주는 부모가 많습니다. 하지만 아이와 무언가 텍스트가 될 만한 책을 사이에 두고, 우리는 왜 살고, 어떻게 살아야 할지에 대한 이야기를 나눠 본 적 있나요? 만약 그런 이야기를 나누지 않았다면 아이는 그런 문제의 답을 어디서 찾을까요? 친구들, TV, 유튜브에서 찾겠지요. 바로 이것이 문제의 출발점이라고 생각합니다. 그래서 저는 유대인 교육에서 배울 점이 많다고 생각해요. 모든 유대인이 그런 것은 아니지만, 유대인답게 사는 아빠들은 최소한 안식일에는 아이들과 같이 밥을 먹고, 온전히 아이들과 함께 시간을 보내며 이런 이야기를 충분히 나누지요. 공부나 내공이 부족한 아빠들은 토요일 저녁마다 아이들과 같이 회당에 가서 랍비들의 도움을 받으며 토라, 탈무드를 토론하는 연습을 하고요. 유대인뿐 아니라 우리나라 명문 사대부 교육에서도 비슷해요. 아빠와 아들 모두 논어를 읽었어요. 부모와 자녀가 같이 보는 공통 텍스트가 있었죠. 그렇기에 부모와 자녀가 같은 주제로 토론하면서 왜 살고, 어떻게 살아야 할지에 대한 답을 함께 찾아갈 수 있었죠. 그런데 이런 좋은 전통이 단절된 채 현대 산업 사회를 살아가는 많은 '좋은' 부모들은 이 점을 간과하는 것 같아요. 아이에게 맞춰 놀아 주고, 아이가 원하는 대로 해 주지만, 가장 중요한 인성 교육과 지혜 교육을 사실상 길거리에 맡기고 있는 셈이죠. 미디어와 친구들, 아이돌이 부모의 역할을 대신하고 있는 게 아닐까요? 가만히 생각해 보죠. 지금 아이들은 나는 왜 살고, 어떻게 살아야 할지에 대한 답을 누구에게 찾고 있을까요? 사춘기 전후 자아가 형성될 때 아이들에게 가장 큰 영향을 미치고, 어떻게 살아야 할지에 대해 제일 많이 이야기를 나누는 사람은 누구일까요?"

역사 하브루타로 대안을 제시함

필자가 《질문이 있는 식탁, 유대인 교육의 비밀》에서 말하는 역사 하브루타 모임을 출간 이후 뜻있는 가정들과 함께 지속하는 가장 큰 이유는 바로 위에서 언급한 뜻밖의 사태를 최대한 막아 보기 위함이다.

역사 하브루타 모임은 매달 한 번씩 토요일 오전, 국립 어린이 청소년 도서관에서 열린다. 부모와 자녀가 같이 모여서 역사를 주제로 토론하는 모임이다. 유대인의 토라와 탈무드 대신 종교적 색채가 없는 역사로 하는 것이다. 역사는 어린이용부터 어른 대상까지 서적, 강연, 영화 등 다양한 콘텐츠가 있고, 인성 교육과 지혜 교육을 할 만한 수많은 이야깃거리가 있어서 좋다.

우리가 역사 하브루타를 하는 궁극적인 이유는 아이에게 역사 지식을 전달하려고 함도, 역사 시험을 잘 보도록 도와주려 함도 아니다. 역사를 주제로 우리가 왜 살고, 어떻게 살아야 할지를 생각해 보려는 것이다. 그 정도까지 대화가 깊어지지 않더라도 적어도 엄마, 아빠는 어떤 생각을 하고, 아이들은 어떤 생각을 하는지 알 수 있는 소통의 장을 마련하기 위함이다. 그렇기에 아이가 자라고 좀 더 성숙한 대화가 이어질 때까지는 어느 정도 엉뚱한 질문, 주제에서 벗어난 질문도 너그럽게 봐 주어야 한다. 우리가 하는 역사 하브루타는 진도도 없고, 토론 시간도 몇 분으로 정해놓지 않는다. 이번에 못한 것은 다음 주에 하고, 올해 못하면 내년에 비슷한 주제를 다룰 때 다시 한 번 생각해 볼 수 있다. 학교나 학원이 아닌, 가정에서 이루어지기 때문에 이런 여유 있는 토론 공부가 가능하다.

인공 지능 시대에도 살아남는 교육

물론 위와 같은 하브루타 토론을 하고 유대인처럼 가족 식탁을 지키며 소통할 기회를 많이 갖는다고 해서 모든 아이들이 문제없이 자라는 것은 아니다. 앞서 소개한 수 클리보드도 나름의 방법으로 아이와 소통하는 시간을 가졌다고 한다. 아이들이 문제가 있을 때 모든 것을 부모의 탓으로 돌릴 수 없는 경우도 많다. 하지만 아이들이 부모와 정기적으로 이야기하고 소통할 수 있는 기회를 만드는 노력은 아이가 어떻게 크는지를 떠나서 기본적으로 모든 부모가 노력해야 할 부분이다.

앞으로 인공 지능이 기존의 많은 일자리를 대체하는 시대가 온다고 한다. 필자의 가장 큰 교육적 관심은 인공 지능이 언젠가 우리 아이들의 일자리를 대체했을 때, 아이들 중 얼마나 '나는 왜 살고, 어떻게 살아야 할지'에 대한 답을 스스로 찾고, '어떤 상황에도 대처할 수 있는 힘을 가질 수 있을까'이다. 그리고 그런 아이가 될 수 있도록 '부모로서 어떤 도움을 줄 수 있을까'이다. 필자는 이 도움의 주체가 교사나 다른 교육 전문가가 아닌 '부모'여야 한다고 생각한다. 현대 교육이 수많은 교육 이론과 방법론에도 불구하고, 아이들의 상태가 점점 안 좋아지는 근본 원인 중 하나는 '인성 교육'과 '지혜 교육'을 부모나 조부모가 아닌 다른 사람들에게 맡겨 버렸기 때문이다. 이런 방기의 결과는 부모가 가정에서 아이들에게 어떻게 살아야 하는지에 대한 올바른 본을 보여 주지 못하는 삶으로 이어졌다.

여전히 먹고사는 문제로 힘든 가정이 많다. 하지만 최소한 먹고사는 문제는 큰 염려 없고, 주말에 아이들과 조금이라도 함께할 시간이 있는 가정이라면 유대인처럼, 우리 명문 사대부 가문처럼, 아이들과 왜 살고, 어떻게 살아야 할지에 대해 토론하고 소통할 수 있는 '따로 떼어 놓은' 시간과 장소가 있어야 한다. 이 방법만이 놀아 주는 부모의 한계를 극복하고, 사춘기 이후에 우리 귀한 아이들을 세상과 길바닥에 내어 주는 허망한 일을 막을 수 있는 유일한 길이라고 생각한다.

04 유대인의 방법론을 우리가 꼭 배워야 하나?

필자가 자녀 교육 특강에서 자주 이야기하는 경구가 있다.

"임신, 출산, 육아, 교육은 예술이다. 딱 정해진 하나의 정답이 있을 수 없고, 주어진 환경 가운데 끊임없이 아이와 부모에게 맞는 해답을 찾아가야 한다."

어떤 아이는 자선함(자기만의 자선함을 갖고 용돈이나 동전을 모아 의미 있는 곳에 기부하는 유대인식 나눔 교육 방법)을 실천하고, 가족과 식탁에서 대화하고, 부모와 한 가지 주제로 독서 토론하는 것을 좋아할 수 있다. 하지만 어떤 아이는 어색하고 싫어할 수도 있다. 어색함과 싫어함은 그것이 잘못되었기 때문에 혹은 아이에게 안 맞기 때문이라기보다 지금까지 하지 않았기 때문일 수도 있다.

이는 아이가 몸을 움직이고 운동하는 것을 싫어한다고 해서, 운동 자체가 잘못되었다고 할 수 없는 것과 마찬가지이다. 아이가 해 보지 않아서, 잘 못해서, 땀 흘리는 게 싫어서 등 다양한 이유로 싫어하고 거부할 수 있다. 그렇다고 해서 운동을 하지 말라고 하는 부모는 없다. 아이가 땀 흘리는 것을 싫어하면 수영이나 물놀이로 운동할 수 있게끔 아이만의 방법을 찾아 주려고 할 것이다. 잘 못하면 그중에서도 제일 잘하고, 재미있게 할 수 있는 것을 찾아 주면 된다. 같은 원리로 필자가 말하는 몇 가지 실천 방법이 우리 가정과 아이에게 맞지 않다고 생각된다면 그 정신은 살리되 나름의 방법을 찾아 가도 좋다.

필자가 유대인 자녀 교육 원리를 자주 말하는 이유 중 하나는 유대인 교육에는 지금의 현대 산업 사회 교육에서 간과하고 있는 중요한 요소가 있기 때문이다. 바로 인지 교육 이전에 인성과 지혜 교육을 강조하고, 친구들과의 수평적인 소통뿐 아니라 부모나 어른들과의 수직적인 소통을 강조한다. 어떤 사람들은 그런 교육 없이도 잘 살 수 있다고 말한다. 학원 다니며 문제지 열심히 풀어서 높은 수능 점수를 받고, 어려운 시험에 합격해서 남들이 선망하는 직업을 얻어 잘살 수 있다고 한다. 지혜보다는 지식이, 행복보다는 성공과 성취가 중요하다고 말한다. 하지만 앞으로 우리 아이들이 살아가야 할 시대는 지식과 정보보다는 인성과 소통이 중요하고, 인공 지능이 내 직업을 빼앗아 갔을 때 나는 왜 살고 어떻게 살아야 할지 답할 수 있는 지혜 교육이 점점 더 중요한 시기이다.

지금 이 시대에 그런 교육을 전 세계적으로 제일 잘하는 모델 중 하나가 유대인 가정이다. 그들이 하는 것이 다 옳고 바람직해서 배운다기보다, 우리가 못하는 부분 혹은 조상들이 물려주었지만 무시하고 간과했던 부분들을 다시 찾자는 시도라고 보면 좋겠다.

필자가 말하는 나눔과 소통, 깊이 생각하는 교육은 우리나라 명문 사대부 가문과 선비 교육의 전통에도 남아 있다. 명문 사대부 교육이나 선비 교육의 좋은 전통을 계승하자고 하면 지금 같은 4차 산업 혁명 시대에 무슨 조선 시대 이야기를 하냐는 반론이 나온다. 하지만 이보다 더 오래된 4000년 묵은 전통을 지키면서도 4차 산업 혁명 시대와 인공 지능 시대를 이끌어 가는 사람들이 유대인기도 하다. 아날로그식으로 교육하지만 디지털 시대를 이끌어 가고, 전통을 지키지만 글로벌 스탠다드를 만들어 가는 좋은 모델로도 우리가 배울 점이 있다.

우리의 한계가 느껴질 때 다른 좋은 사례를 통해 더 크게 배우고 성장하는 것을 벤치마킹이라고 한다. 벤치마킹 정신은 단순 모방이 아니다. 우리의 상황에 맞게, 다른 좋은 요소를 접목시키려는 창의적인 시도라고 할 수 있다. 유대인 교육은 앞으로 4차 산업 혁명 시대를 대비하고, 가정 중심의 전통 교육 원리를 회복하는 좋은 벤치마킹 대상이다. 이외에도 유대인 자녀 교육을 이야기하다 보면 '유대인'이라는 꼬리표 때문에 본질과 관계없는 수많은 질문을 받는 경우가 많다.

– 유대인은 너무 종교적인데 종교적인 부분을 빼고 배울 수 없는가?
– 자기들도 홀로코스트에서 큰 어려움을 겪고도 왜 지금 팔레스타인 사람들을

핍박하는가?

– 유대인은 자신들의 성공을 바탕으로 세계 자본시장을 좌지우지하며 자기들에게 유리한 세상을 만들려고 하는데 왜 우리가 그들에게 배워야 하는가?

이런 유대인 관련 자주 묻는 질문에 대해서는 필자의 다른 책《질문이 있는 식탁, 유대인 교육의 비밀》이나《1% 유대인의 생각 훈련》에 나름의 답변을 적었다. 위와 같은 질문이 부담되어 더 이상 유대인 자녀 교육에 대해 공부하기 힘든 분이 있다면 위의 언급한 책을 참조하여 도움받을 수 있다.

05 역사 하브루타를 하기 위한 준비: 질문과 교재

역사가 인성 하브루타 콘텐츠로 좋은 점

필자는 현용수 박사의 〈쉐마교육〉을 통해 유대인 자녀 교육 원리를 깊이 있게 배우면서, 유대인의 탈무드식 토론을 할 수 있는 가장 좋은 콘텐츠로 우리 역사를 생각했다. 사실 유대인의 경전인 토라(모세 오경)도 대부분의 내용이 창세부터 시작해서, 그들의 민족 형성에 관한 역사이다. 우선 우리 역사는 종교적인 색채가 없으므로 모든 국민이 자연스럽게 접근할 수 있다. 그리고 아래와 같은 실질적인 장점이 있다.

① 스토리 라인이 있어 재미있게 접근할 수 있다.
② 미취학 아동부터 성인용 도서까지 다양한 콘텐츠가 구비되어 있다.

③ 유·초등 학습은 어휘력과 용어에 대한 이해가 핵심이다. 같은 주제를 반복 학습하며 다양한 어휘를 익힐 수 있다.

④ 현재 국사는 수능 필수 과목이고, 대기업 입사 논술에서도 역사를 출제한다. 인성 교육을 목표로 하지만 인지 교육의 열매와 입시에도 도움이 되는 부수적인 이득도 따라온다.

⑤ 역사는 인문학의 기초로 같이 공부하며 토론하다 보면 내가 왜 살고, 앞으로 어떻게 살아야 할지에 대한 깨달음을 얻고, 나의 삶을 한 발짝 떨어져 바라보는 여유를 가질 수 있다.

그러면 어떻게 역사 하브루타를 실천할 수 있을까? 제일 좋은 방법은 주말에 가까운 도서관이나 어린이 도서관에 가족이 함께 가는 것이다. 이번 주 혹은 이번 달 주제의 책을 같이 읽고, 질문을 만들며 이 질문을 바탕으로 서로 이야기를 나누고 토론한다.

진도는 우선 (1) 삼국 시대와 남북국 시대 (2) 고려 시대 (3) 조선 전기 (4) 조선 후기 (5) 개화기와 독립운동기 (6) 현대사 대략 6단계로 나누어 한 달은 시대사, 다음 달은 해당 시대의 인물사를 나간다. 예를 들어, 1월에 삼국 시대와 남북국 시대를 공부하고, 2월에는 삼국 시대와 남북국 시대의 인물사를 공부하는 것이다. 시대는 각 가정이나 독서 모임 상황에 따라 융통성 있게 조절할 수 있다. 선사 시대는 자료가 충분치 않기 때문에 다루지 않았다. 그리고 남북국 시대를 따로 빼고, 조선을 한 달로 할 수도 있다. 하지만 조선 시대의 경우 중요한 사건이나 인물이 많고,

조선왕조실록이라는 엄청난 사료가 있기 때문에 네 번에 걸쳐 나누어 진행하는 것이 좋다.

　기본적으로 어린이는 어린이 대상 책을 보고, 어른은 성인용 책을 보면 된다. 아이가 자라면서 점점 청소년, 성인 책으로 수준을 높여 간다. 책 읽을 시간이 없는 아빠나 엄마는 아이와 같은 어린이용 책으로 시작하길 권한다. 요즘 유·초등 책은 아주 체계적이고 내용도 재미있다. 분량도 그리 많지 않아 어른들은 한 권을 30분 이내로 쉽게 읽을 수 있다.

질문 만들기

책을 읽고, 토론하기 전에 각자 토론을 위한 질문을 만들어 본다. 예를 들어, 삼국 시대를 부모와 아이가 같이 공부했다면 다음과 같은 질문을 만들 수 있다.

★ 아이 수준 질문
  - 사실 확인: 아빠 건국이 뭐야? 통일이 뭐야? 당나라는 어느 나라야?
  - 심화 질문: 왜 주몽이나 박혁거세는 알에서 나왔어?

★ 어른 수준 질문
  - 신라가 삼국을 통일한 것이 우리나라에는 좋은 것이었을까? 고구려가 통일했으면 어떠했을까?

– 삼국의 건국 신화를 보면 고구려와 신라는 초대 왕이 알에서 나오
는데, 백제는 왜 알에서 나왔다고 하지 않았을까?

처음에는 엉뚱하고 서툰 질문이 나올 수 있지만, 무시하지 않고 하나
하나 발전시켜 본다. 매년 같은 주제로 3-4년 이상 토론하면 질문은 더
욱 깊고 날카로워지며, 점점 더 많은 공부를 저절로 하게 된다. 실제 꾸
준히 탈무드식 역사 토론을 한 아이들의 사고 수준과 표현력이 어느 정
도 되는지 2장 역사 하브루타 실제에서 확인할 수 있다.

어떤 책을 읽어야 할까?

어떤 책을 읽어야 할지 모른다면 우선 도서관에 가서 어린이용 도서를
아이와 같이 훑어보고, 가장 마음에 드는 책부터 시작한다. 연령별로 읽
을 수 있는 책 목록은 부록에 따로 제공하였다.

여기서는 도서관에서 쉽게 찾아 볼 수 있는 몇 가지 책 중심으로 정리
했다. 필자는 기본적으로 전집을 굳이 살 필요는 없지만, 전집이라고 무
조건 배격할 필요도 없다고 생각한다. 도서관에는 전집도 많이 구비되어
있으므로 대여해서 보고, 매번 빌리는 것이 번거롭다면 중고 전집을 구
입하거나 두세 가정이 같이 공동구매해서 돌려 보는 방법도 있다. 또한
어린이용 책은 역사에 울렁증이 있거나 역사에 자신 없는 부모가 처음
입문용으로 읽기 좋다.

역사 하브루타로 활용할 만한 책

① 통사, 시대사

《탄탄 역사속으로》, 여원미디어, 2019
선사 시대 인류의 탄생에서 현대 우리는 어디로 가는가까지 50권으로 한국사를 정리했다. 독립을 위해 뛰는 사람들, 민주주의여 만세, 북한의 변화 등 진보적인 기술이 특색이다. 존대체 서술이며, 삽화가 사실적인 사진과 접목되었다. 번외 편으로 한국사 사건 사전, 유적 유물 도감, 세계사 속 한국사, 역사 법정 같은 주제를 다룬 책도 출간되었다.
레벨: 초등 저학년

《명랑한국사》, 이수미디어, 2016
선사 시대에서 삼국, 고려, 조선, 개화기, 일제 강점기, 대한민국에 이르기까지 60권에 걸쳐 전 역사를 동화처럼 서술한다. 존대체로 되어 있다. 각 장마다 그림이 자세히 나온다.
레벨: 초등 저학년

《광개토대왕 이야기 한국사》, 한국헤르만헤세, 2016
선사 시대에서 대한민국에 이르기까지 전 시기를 68권으로 구성했다. 동화책 형식에 그림 한 장, 이야기 한 장으로 구성되었는데, 초등 저학년에게는 글자가 많게 느껴질 수 있다. 존대체 서술이며 그림은 만화체이고, 약간 추상적으로 그려졌다.
레벨: 초등 저학년

《초등 저학년을 위한 처음 한국사》, 주니어RHK, 2013

문명의 형성에서 대한민국의 발전까지 10권으로 구성했다. 삽화와 사진, 내용 서술이 있는데 삽화의 크기나 분량이 다른 동화 형식의 한국사책보다 작다. 초등 저학년이 보기에 약간 어려울 수 있고, 초등 고학년 중 역사에 대한 지식이 부족한 경우 입문서로 적합해 보인다.

레벨: 초등 저학년~고학년

② 사료 수준

《참 역사고전》, 대교, 2019

삼국사기, 발해고, 택리지, 목민심서 등 사료급 자료를 어린이 눈높이에 맞게 내용을 수록하고 해설하였다.

레벨: 초등 저학년

③ 인물, 전기

《첫 인물 그림책 이담에》, 웅진, 2019

전 세계 인물을 56권으로 정리하고 57-60권은 주제별(꿈을 향해 한 걸음! 도전 인물, 엉뚱하고 재미난 세계 인물 이야기 등)로 여러 인물을 정리하였다. 삽화 비중이 크고, 페이지당 글이 많지 않다. 우리나라 인물은 장영실, 이순신 등 주로 조선 시대 인물과 이태석 신부 같은 현대 인물이 수록되었다.

레벨: 초등 저학년

《꿈담 인물 그림책》, 도서출판명꼬, 2019

8가지 테마별로 한국과 세계의 인물을 정리하였다. 리더를 꿈꾸는 아이(세종대왕, 이순신, 김대중), 학자를 꿈꾸는 아이(정약용, 허준), 미술가를 꿈꾸는 아이(김홍도), 예술·활동가를 꿈꾸는 아이(최승희), 사회 공헌가를 꿈꾸는 아이(이태석, 방정환), 작가를 꿈꾸는 아이(박경리), 음악가를 꿈꾸는 아이(안익태), 위인 가족을 꿈꾸는 아이(신사임당) 등 65명이다. 최근 인물과 생존 인물을 많이 포함한 것이 특색이다. 삽화 비중이 크고, 내용 서술이 단순한 편이다.

레벨: 초등 저학년

《감정 지능을 키우는 MI 인물 이야기》, 대교, 2017

논리 수학, 공간, 자기 성찰 등 하워드 가드너의 다중 지능 8개 항목에 따라 세계사 인물을 배치하였다. 우리나라 인물로는 논리 수학(최무선, 장영실), 음악(황병기, 신재효), 인간 친화(김구, 유일한) 등이 수록되었다. 그림책 형식이고, 삽화가 사실적이다. 존대체 서술이다.

레벨: 초등 저학년

《베스트 테마위인》, 훈민출판, 2014

집념과 지혜를 가르쳐 준 사람들(세종대왕, 정약용), 참된 가치관을 일깨워 준 사람들(이황, 이이, 방정환) 등 주제별로 세계 위인을 정리하였다. 삽화 비중이 크고, 글자도 크다. 존대체 서술이다. 베드타임 스토리용으로 적합해 보인다.

레벨: 초등 저학년

《팡팡 한국위인》, 흙마당, 2013

계백과 광개토대왕에서 시작하여 안익태에 이르기까지 삼국부터 현대까지 인물을 동화책 형식으로 정리하였다. 삽화가 만화적·해학적으로 그려졌다. 존대체 서술이다.

레벨: 초등 저학년

《저학년 교과서 위인전》, 효리원, 2013

교과서에 나오는 세계 위인 60명을 다루었다. 우리나라 위인으로는 세종대왕, 이중섭, 김구, 백남준 같이 삼국 시대에서 현대까지의 인물들이 포함되었다. 삽화와 글자가 크다. 페이퍼북 형식이어서 가볍다. 존대체 서술이다.

레벨: 초등 저학년

《명품 교과서 속 인물 이야기》, 차일드아카데미, 2019

우리나라와 세계 위인 70명을 다루었다. 우리나라 인물로는 장영실, 광개토대왕, 세종대왕, 김정호, 장보고, 윤동주, 백남준 등이 있다. 동화책 형식으로 삽화와 함께 이야기가 서술된다. 존대체이다. 권미에 교과서를 쉽게, 인물을 깊이라는 교과 연계 자료가 정리되었다.

레벨: 초등 고학년

《한국을 이끄는 사람들》, 교원, 2008

한국의 애국 인물(이순신, 안중근), 한국의 봉사 인물(장기려, 두레 마을), 한국의 계몽 인물(전봉준, 전태일), 한국의 과학자(최무선, 장영실), 한국의 미술가(김홍도, 김정희), 한국의 사상가(원효, 정조), 한국의 음악가(윤이상, 정트리오), 도전하는 한국인(장보고, 유일한), 한국의 문화 인물(세종대왕, 김수근)

등 9가지 주제로 56명의 인물을 다루었다. 삽화보다는 사진 중심으로 글의 비중이 높다. 권미에는 인물 정리로 열린 주제, 이야기 한 토막, -을 찾아 떠나는 여행, -의 삶과 같은 정리 섹션이 있다. 존대체 서술이다.
레벨: 초등 고학년

④ 기타

《한국사 편지 생각책》, 책과함께어린이, 2014
한국사 편지로 유명한 박은봉 작가의 워크북 시리즈이다. 선사 시대부터 현대까지 전 시대를 포괄하며, 유물, 유적, 지도를 보며 역사 이해하기, 역사적 사건이나 상황 등을 재해석하기, 자신의 생각을 글이나 그림으로 표현하기 등 다양한 활동을 할 수 있게 구성했다.
레벨: 유치~초등 고학년

《Why 한국사 시리즈 1-40》, 예림당, 2018
어린이가 있는 웬만한 가정에는 최소한 1-2권 이상 꽂혀 있는 Why 시리즈 중 한국사 편이다. 1-5편 '나라의 시작'에서 '조선 후기'의 통사 5권과, 인물, 과학, 종교, 문학, 음식 등 33권의 주제사로 구성했다. 지루하지 않도록 마루, 미소, 천지 등의 캐릭터가 역사 여행을 하는 스토리 구성이다. 하지만 이야기 흐름이나 진행을 방해하는 부분도 있어서 어느 정도 역사 공부가 된 아이들이 보면 거슬릴 수도 있다. 어린이용 도서 중에 사회사나 풍속사 등의 주제별 역사를 많이 포함하고 있는 것은 이 시리즈의 장점이다.
레벨: 초등 저학년~고학년

《설민석의 한국사 대모험 1-5》, 아이휴먼, 2017

대중적인 역사 강사인 설민석의 한국사 만화 시리즈이다. 고대부터 현대까지 전 시대를 다루고 있고, 역사적 인물, 사건, 문화재 등을 포괄한다. 설쌤과 평강, 온달, 로빈(강아지) 캐릭터가 시간 여행을 하며 한국사의 주요 사건과 문화재를 돌아보는 구성이다. 최근에 어린이들이 가장 많이 보는 만화 시리즈 중 하나이며, 확인 학습 문제도 있다.

레벨: 초등 저학년~고학년

《역사공화국 한국사법정》, 자음과모음, 2010

한국사의 주요 쟁점을 법정 공방하듯이 양편의 관점에서 객관적으로 서술하였다. '왜 위만은 고조선을 계승했다고 했을까?'에서 시작하여, '왜 신라에만 여왕이 있었을까?'와 같이 평소 생각하지 못했던 깊은 질문이 많다. 역사 공부가 3-4년 이상 꾸준히 된 초등 고학년 이상에게 적합하다.

레벨: 초등 고학년~청소년

06 진짜 영재에게는 탈무드식 토론을 권한다

영재의 함정

필자는 또래에 비해 지적 능력이나 재능이 뛰어나 주목받는 아이들이 종종 염려된다. 이런 아이들은 영재라고 불리고, 언론에 주목을 받는 경우도 많다. 그런데 우리나라의 영재에 대한 이미지나 영재 교육의 가장 큰 문제는 너무 어린 시절부터 '영재'라는 감당할 수 없는 무거운 짐을 지우는 것이다. 한 번 '영재'라는 타이틀을 받으면 아이는 모든 면에서 자유로울 수 없다. 부모, 선생님, 친구들의 기대에 맞게 항상 모든 일에 천재적인 발상과 삶을 보여야 한다는 부담이 생긴다. 그리고 점점 자신이 그 기대에 부합하지 못할 때, 더 큰 자괴감에 빠지게 된다.

유·초등 때 각종 대회를 석권하고, 초등 고학년 때는 반 회장뿐 아니라 전체 학생회장을 하던 아이들이 중·고등학교 때는 평범한 아이가 되고, 주위의 기대에 못 미치는 대학에 가는 사례가 비일비재하다. 어려서 많은 칭찬과 주목을 받는 아이들이 주위의 지나친 기대감으로 평균의 아이들보다 못한 성과를 내는 것이다.

탈무드 앞에서는 겸손해진다

자녀 중에 진짜 자기 아이가 영재라고 생각된다면 필자는 탈무드 수준의 인문 고전 독서 교육을 아이에게 시켜 보라고 권하고 싶다. 탈무드의 별명은 '바다'이다. 한 시간만 원전 탈무드를 공부해 보면 왜 바다라고 부르는지 이해할 수 있다. 히브리-영어 번역본만 해도 300-400페이지 분량으로 73권이고, 히브리어 단어수로 250만 개에 이른다. 천 년 가까이 각 시대를 대표하는 지성들이 묵상하고 토론한 내용을 기록한 방대한 지적 유산이다.

아무리 천재라도 1~2년 만에 배우고 이해할 정도의 수준이 아니다. 방대한 지식과 논리의 깊이로 인해 랍비와 부모에게 배우고, 친구와도 평생 토론을 해야 한다. 이 거대한 지식의 바다 앞에서 쪽배 하나 띄워 놓고 내가 영재네, 천재네 자랑할 사람이 없다.

특히 탈무드 공부의 가장 큰 유익은 내가 사회적 동물임을 알게 한다는 점이다. 도저히 혼자서는 공부할 수 없기 때문에, 친구와 선생님, 부모와 같이 공부해야 한다. 진짜 탈무드가 어떤 책인지 안다면 '예시바'라는 유대인 도서관이나 회당에 가면 왜 유대인이 둘씩 짝을 지어서 토론하며 공부하는지 분명히 알 수 있다. 나 혼자서는 도저히 이 깊이 있는 공부를 감당할 수 없기 때문이다.

어찌 보면 우리 조상들의 공부법도 바로 이런 탈무드식 공부법이었다. 세종대왕이나 정조, 율곡 이이나 다산 정약용 같은 천재급의 인재들도 어려서 천자문 하나 일찍 뗐다고 해서 영재네, 천재네 하는 과도한 부담감을 갖고 공부하지 않았다. 소학을 떼면 대학, 논어, 맹자, 중용이 기다리고 있고, 이후 역사서, 시가, 주역 같은 어려운 책이 이어진다. 그리고 그 공부는 끝이 없었다. 유가의 시조인 공자도 역경(易經)을 100번이나 읽어 위편삼절(韋編三絶)이라는 고사를 남겼다. 그렇기에 방대한 성현들의 가르침과 지식 앞에 겸손할 줄 알았고, 당연히 평생 공부해야 함을 알았다.

지금의 어설픈 영재 선발과 기능 위주의 영재관은 아이에게 '교만'을 가르치고, 스스로 감당하지 못할 무거운 짐을 지게 하는 그릇된 교육의 전형이다. 정말 자신의 자녀를 영재로 키우고 싶다면 지금 같은 한국의 영재 교육 체제에 너무 휘둘리지 말아야 한다. 상술에 휩싸인 영재 테스트를 받을 필요도 없고, 영재 학원을 찾아다니며 영재 교육에 목맬 필요도 없다. 오히려 탈무드식 교육 방법을 적용하여 지식과 지혜의 바다로 아이를 나아가게 해야 한다. 이렇게 길러진 인재가 진정한 실력을 쌓을 때 사회와 인류에 기여할 수 있는 진짜 영재가 될 수 있다.

07 베드타임 스토리, 우리 역사로 하면 안 될까?

베드타임 스토리의 놀라운 효과

자기 전 아이에게 책을 읽어 주는 베드타임 스토리 혹은 굿나잇(Good night) 스토리는 부모와 자녀의 결속을 강화시키고, 아이가 편안한 마음으로 잠들게 하는 긍정적인 효과로 많이 권장되었다. 최근의 뇌 과학적 연구는 베드타임 스토리가 어떻게 아이의 뇌 발달에 도움이 되는지를 구체적으로 입증하였다. 미국 국립어린이건강발달연구소(The National Institute of Child Health and Human Development in Bethesda)의 레이드 라이온(G. Reid Lyon) 박사는 부모나 주 양육자가 자기 전 아이에게 책을 읽어 주면 스트레스 레벨이 낮아지고 논리력이 길러진다고 말한다. 뿐만 아니라 아이가 언어 능력을 발달할 수 있도록 뇌의 언어 담당 영역을 재설정하는 기능을 한다고 밝혔다.

위 연구소와 다른 대학에서 비슷한 실험을 한 결과 읽기 능력이 떨어지는 아이에게 매일 1-2시간씩 8주간 책을 읽어 주니, 언어 영역을 담당하는 뇌의 활동 모습이 읽기 능력이 우수한 아이와 비슷한 수준으로 올라갔다고 한다. 어떤 이유로 언어 능력이 떨어진 아이의 뇌도 책 읽어 주기를 통해 언어 기능을 재설정하는 효과가 있음이 검증된 것이다. 이런 점에서 볼 때 아이의 독서 교육에 관심 있는 부모라면, 어려서부터 아이 혼자 책을 읽게 하기보다 부모가 책을 읽어 주고, 특히 자기 전에 읽어 주는 습관을 가질 필요가 있다.

유대인은 전통적으로 자기 전에 정해진 의식(ritual)을 갖고 잠에 든다. 먼저 내일 아침 일어나 손을 씻을 물을 준비해서 머리맡에 놓아두고, 베드타임 쉐마(Bed Time Shema)라는 자기 전 기도를 한다. 정통파 유대인의 경우 아이들이 잘 준비가 끝나면 아빠가 베드타임 스토리를 읽어 주고, 베드타임 쉐마를 암송한 후 키스하고 불을 끈다.

아이에게 읽어 주는 책 내용은 주로 유대인의 신앙생활과 가치와 관련된 에피소드들이다. 다른 좋은 이야기들이 많이 있지만, 그들은 일관성 있게 자신들의 신앙과 전통이라는 핵심 주제를 반복하는 것이다.

예를 들어, 이런 종류의 이야기가 유대인 아이들이 듣는 베드타임 스토리다.

가장 아름다운 에트로그

아래는 1966년에 노벨 문학상 수상자인 슈무엘 아그논(Shmuel Agnon)
이 전해 준 이야기입니다.

유대인은 초막절(수콧) 명절 기간 동안 에트로그(Etrog)라는 과일과 루
라브(Lulav)라는 종려 가지를 들고 기도를 해야 합니다. 아그논은 초막절
전에 에트로그를 파는 상점에서 러시아에서 온 한 나이 든 랍비를 만났습
니다. 이 랍비는 아그논에게 유대교 전통에 따르면 아름답고 흠 없는 에
트로그를 사는 것이 중요하기 때문에, 자신이 가지고 있는 돈을 다 모아
최대한 아름다운 에트로그를 사려고 한다고 말했습니다.

며칠 후 아그논은 이 랍비가 회당 예배에서 어렵게 구한 그 에트로그를
가지고 오지 않아 깜짝 놀랐습니다. "아니, 비싸게 주고 사신 에트로그를
왜 안 들고 오셨죠?" 그러자 랍비가 다음과 같은 이야기를 들려주었습니다.

아침에 일찍 일어나서 제가 발코니에 만들어 둔 초막에 들어가 에트로
그를 들고 기도하려는 참이었어요. 사실 제 옆집에는 아이들이 많은 이웃
이 사는데, 이 이웃의 아버지는 참을성이 없는 분이어서 자주 집에서 고
함을 치곤했답니다. 저는 여러 번 그러지 말라고 말해 주었는데 별로 소
용이 없더군요.

제가 에트로그를 들고 기도하려는데, 한 아이가 우는 소리를 들었답니
다. 이웃집의 작은 여자아이였는데 제가 가서 무슨 일이냐고 물으니, 아
이는 "아침에 일어나 발코니로 가서 아빠가 사 온 아름다운 에트로그를

들고 기도하려다가 에트로그를 떨어뜨리고 말았어요. 에트로그는 심하게 망가져서 더 이상 기도에 쓸 수 없는 지경이 되었어요."라고 말하더군요.

소녀는 아빠가 이 사실을 알면 화를 내고, 심하게 혼낼 것이라는 걸 알기에 겁먹고 울었던 것이죠. 저는 이 아이를 안심시키고, 제 에트로그를 그 아이에게 주었습니다. 그리고 망가진 에트로그는 제가 챙겨 두었죠.

이 이야기를 듣고 아그논은 '이 랍비의 상하고 망가져서, 기도에는 쓸 수 없게 된 에트로그가 자기가 살면서 본 가장 아름다운 에트로그'였다고 말했습니다.

우리 콘텐츠로 베드타임 스토리

어떤 분위기인지 느껴지지 않는가? 종교적 형식이 아니라, 그 안의 사랑을 실천하는 마음이 더 중요하다는 따뜻하고 울림이 있는 이야기를 자기 전에 들려준다. 이렇게 정통파 유대인의 베드타임 스토리 내용은 유대인의 전통과 삶, 유대인적인 삶의 가치를 잘 지킨 사람들의 감동적인 이야기가 많다. 이렇게 한 가지 일관된 주제를 계속 반복하는 것이 유대 교육의 핵심 원리이기도 하다.

이러한 유대 교육의 원리를 한국적인 상황에 접목해 볼 때, 필자는 가능하다면 우리 역사와 문학으로 일관성 있는 베드타임 스토리 교육을 할 수 있다고 생각한다. 오늘은 백설 공주를 읽어 주고, 내일은 잭과 콩나무 이야기를 읽어 주는 것보다 어제도 오늘도 우리 역사 인물과 서정적인 문학 내용을 일관성 있게 읽어 주고, 아이가 어휘력과 사고력이 발달한 12살 이후에는 다른 영역으로 관심과 내용을 넓혀 가도록 도와 줄 수 있다.

우선 어린이용으로 편집된 인물 이야기와 우리 전래 동화를 활용할 수 있다. 우리 역사 인물 가운데, 탈무드 우화에 나오는 수준의 지혜와 재미를 줄 수 있는 소재로 좋은 이야기는 다음과 같은 것이 있다.

- 동명성왕(고주몽) 건국 설화
- 평강 공주와 바보 온달
- 원효와 해골 물
- 최영 장군 이야기: 황금 보기를 돌 같이 하라
- 함흥차사와 박순 이야기
- 황희 정승과 소 이야기
- 이순신 장군의 삶: 무과의 낙방과 재기
- 오성과 한음 이야기

문학 작품 가운데는 황순원의 〈소나기〉나 이미륵의 《압록강은 흐른다》와 같은 서정적인 작품도 좋다.

이중 동명성왕 건국 설화를 베드타임 스토리용으로 아래와 같이 각색해 보았다.

주몽의 탄생과 기지

천제의 아들 해모수는 땅에 내려왔다가, 하백의 딸 유화를 만나 결혼했습니다. 하지만 유화의 아버지 하백은 자신의 허락 없이 결혼을 했다고, 유화를 벌하여 우발수로 쫓아냈습니다. 이때 부여의 왕이던 금와왕은 유화가 해모수의 부인임을 알고 별궁(別宮)에 두었는데, 유화의 품 안으로 햇빛이 밝게 비치었습니다. 그로 인해 유화는 임신을 했으며 주몽(朱夢)을 낳았습니다. 주몽은 울음소리가 매우 크고 기골이 영웅다웠습니다.

유화가 주몽을 낳을 때의 일이었습니다. 왼편 겨드랑이로 알을 하나 낳았는데 크기가 닷 되들이만 했습니다.

금와왕은 "사람이 새알을 낳은 것은 상서롭지 못하다."라며 사람을 시켜 이 알을 마구간에 버렸으나 말들이 밟지 않았습니다. 또 깊은 산에 버렸으나 모든 짐승이 알을 보호했습니다. 구름 낀 날에도 그 알 위에는 언제나 햇빛이 있었습니다. 그러자 왕은 알을 가져다가 유화에게 돌려주었습니다. 마침내 껍질을 깨고 한 사내아이가 나왔는데, 한 달이 못 되어 말을 정확하게 했습니다.

아이는 어머니에게 "파리들이 눈을 물어서 잠을 잘 수가 없으니 어머니는 나를 위해 활과 화살을 만들어 주십시오."라고 말했습니다. 이에 어머니가 갈대로 활과 화살을 만들어 주자 이것으로 물레 위의 파리를 쏘았는데, 쏘는 족족 맞혔습니다. 부여에서 활 잘 쏘는 사람을 '주몽'이라 하였는데, 이 아이가 활을 잘 쏘았기에 그의 이름을 주몽이라 불렀습니다.

아이는 나이가 많아지자 여러 재능을 다 갖추었습니다.

금와왕에게 아들 일곱이 있었는데 항상 주몽과 함께 놀며 사냥을 하였습니다. 왕자와 하인들 40여 명이 사슴 한 마리를 겨우 잡는 동안 주몽은 혼자서도 많은 사슴을 잡았습니다. 왕자들이 이를 질투하여 주몽을 나무에 묶고 사슴을 빼앗아 갔는데 주몽은 나무를 뽑아 버리고 돌아왔습니다. 하루는 부여 왕의 맏아들인 대소(帶素)가 왕에게 이렇게 말했습니다.

"주몽은 신통하고 용맹한 장사여서 눈빛이 남다르니 만약 일찍 죽이지 않으면 반드시 후환이 있을 것입니다."

그러자 왕은 주몽에게 말을 기르게 하여 그 뜻을 시험해 보고자 했습니다. 주몽은 속으로 한을 품고 어머니에게 말했습니다.

"저는 천제의 손자로 태어나 다른 사람을 위해 말을 먹이고 있으니 사는 것이 죽는 것만 못합니다. 남쪽 땅으로 가서 나라를 세우고자 하나 어머니께서 계시기에 감히 마음대로 못하겠습니다."

그러자 어머니는 "이는 내가 밤낮으로 걱정하던 바다. 내가 듣기로 먼 길을 가는 사람은 모름지기 좋은 말이 있어야 한다고 했으니 내가 말을 골라 주겠다." 하고는 말 기르는 데로 가서 긴 채찍으로 말을 마구 때렸습니다. 여러 말들이 놀라 달리는데 그중 붉은 말 한 마리가 두 길이나 되는 난간을 뛰어넘었습니다. 주몽은 그 말이 준마임을 알고 몰래 말의 혀뿌리에 바늘을 찔러 놓으니 그 말은 혀가 아파 물과 풀을 먹지 못하고 점점 야위어 갔습니다.

왕이 목마장을 순행(임금이 나라 안을 두루 살피며 돌아다니던 일)하다가 여러 말이 모두 살찐 것을 보고 크게 기뻐하며 상으로 야윈 말을 주몽에게 주었습니다. 주몽은 이렇게 야윈 말을 얻어 바늘을 뽑고 더욱 잘 먹였습니다.

이후 주몽은 부여를 벗어나, 오이, 마리, 협보 등 세 사람과 같이 남쪽으로 가서 압록강 동북쪽에 있는 개사수(蓋斯水)에 이르렀습니다. 하지만 건널 배가 없었습니다. 부여의 병사들이 쫓아오는 것이 걱정되어 채찍으로 하늘을 가리키며 말하기를,

"나는 천제의 손자요 하백의 외손으로 지금 난을 피해 여기에 이르렀으니 하늘의 신과 땅의 신은 나를 불쌍히 여겨 급히 배와 다리를 보내소서." 하며 활로 물을 내려쳤습니다. 이에 고기와 자라들이 떠올라 다리를 만들어 건널 수 있었습니다. 곧 추격하던 병사들이 이르렀지만 물고기와 자라의 다리가 없어지면서 다리로 올라섰던 자가 모두 물에 빠져 죽었습니다. 주몽은 이렇게 무사히 부여를 빠져 나와, 졸본 지역에 이르러 도읍을 정하고 국호를 '고구려'라고 하는 나라를 세웠으니, 그때 그의 나이 12세였습니다.

우선 잘 때는 토론보다 기본적인 이야기를 들려주고, 낮이나 역사 토론 시간에 베드타임 스토리 때 들었던 내용을 바탕으로 좀 더 깊은 이야기를 나눈다.

예를 들어, 다음과 같은 수준의 토론도 가능하다.

- 왜 주몽은 알에서 탄생하는 신비한 출생 설화를 갖게 되었을까?
- 주몽이 겪었던 어려움은 무엇이고, 어떻게 극복했을까?
- 추격군이 쫓아오고, 초자연적인 도움으로 강을 건너는 이야기는 모세가 홍해를 가르는 이야기와 비슷한 분위기인데, 주몽의 설화와 성경의 이야기는 어떤 상관관계를 갖고 있을까?

같은 이야기를 반복해서 들려주면 점점 더 깊은 사고를 하게 된다. 또 같은 내용을 반복하면서 처음에는 파악하지 못했던 깊은 논리 구조가 하나씩 보이기도 한다. 반복과 깊이 있는 사고, 이것이 바로 탈무드식 토론의 핵심 요소이다.

베드타임 스토리로 활용할 만한 책

《전래동화보다 재미있는 한국사 100대 일화》, 삼성출판사, 2016
한국사를 활용한 베드타임 스토리용으로 딱 좋은 교재이다. 한국사의 정사와 야사를 통해 제일 많이 알려진 100가지 이야기를 모았다. 한 이야기당 2~3페이지 분량이고, 그림이 함께 있다.

《잠들기 전 엄마 아빠가 들려주는 동화 동시 모음》, 지경사, 2012
한국 전래, 세계 명작, 이솝 이야기, 탈무드, 동시 5권으로 된 시리즈다. 낱권으로도 구입할 수 있다.

《교과서 전래 동화》, 미래엔아이세움, 2011
초등학교 교과서에 나오는 전래 동화 36가지를 묶었다. 〈혹부리 영감〉, 〈호랑이와 곶감〉과 같이 역사적인 사건보다는 권선징악이나 생각할 거리를 주는 내용이다.

이 책에서 이야기하는 역사 하브루타는 역사라고 하는 공통된 주제를 통해 우리는 왜 살고, 어떻게 살아야 하는지를 생각해 보는 인성 하브루타이고, 부모 자녀 간 소통의 도구이다. 그런데 이런 인성 교육을 하다 보면 의외로 인지적인 효과들이 따라오는 경우가 많다. 역사라고 하는 한 가지 주제를 깊이 있게 공부하면서 그 내용을 제대로 알기 위해 역사 이외에 정치, 경제, 사회, 문학, 수학, 과학 등의 분야를 자연스럽게 접하기 때문이다.

사실 제대로 된 교육은 하나의 질문에서 출발해서 그 답을 찾아가며 세상을 구성하는 다양한 분야를 공부하는 것이다. 그런데 산업 사회에 들어와서 근대 교육은 세상을 파편화하고, 조각내서 각 영역을 분업화시켜 가르치는 방식으로 발전해 왔다. 학교에서 배우는 많은 과목이 바로 세상이라고 본다. 그리고 그런 각각의 과목을 잘할 수 있는 국어, 영어, 수학이라는 도구 과목을 밑에 까는 식이다. 그럼 과연 이렇게 우리가 사는 세상은 국어, 영어, 수학, 사회, 과학, 예체능으로 구성되어 있고, 각각의 과목을 합하여 세상이 되는 것일까?

이러한 서양의 파편적, 분업적 사고는 그리스적 사고 패턴에서 기인했다고 볼 수 있다. 이에 반해 통합적 사고는 히브리적 사고 패턴에 뿌리를 두었다고 볼 수 있다. 필자는 종종 히브리 사상과 그리스 사상적 차이를 구글과 야후의 차이로 설명한다. 구글은 하나의 창을 통해 세상으로 들어간다. 구글 초기 화면은 질문을 입력하는 창 하나이다. 눈길을 끄는 팝업이나 광고도 없다. 그냥 하나의 질문 창이다. 이 창으로 들어가면 모든 세계와 연결된다. 이에 비해 야후나 우리나라 포털은 정치, 경제, 사회, 문화, 스포츠를 구분해 놓았다. 어찌 보면 이 각각의 전문 영역의 합이 우리가 사는 세계라고 말하는 듯하다. 하지만 이 세상과 사람은 그런 부분의 합 이상이다. 파편화하고 부분화를 통해서는 단순한 문제를 신속히 해결하는 데 도움을 받을 수는 있지만 근본적인 문제 해결은 안 된다.

역사 안에 모든 것이 다 있다

이런 원리를 우리가 하는 많은 인지 공부에도 적용할 수 있다. 뿌리가 되는 역사 하나만을 제대로 공부하면 다른 모든 공부가 저절로 따라온다.

이런 말을 하면 많은 부모님들은 걱정하며 이렇게 질문한다. "역사 한 과목만 공부하면 공부의 폭이 너무 좁아지고, 아이의 사고가 편협해지지 않을까요?" 하지만 막상 공부해 보면 오히려 역사에서 출발하는 통합 교육을 통해 다른 과목을 더 재미있게 공부할 수 있는 다양한 길이 열리는 것을 확인하게 된다. 요즘 교육계의 화두인 통합, 융합 교육을 제대로 하기 위한 중요한 힌트가 여기에 있다. 개별 과목을 기계적으로 연결하기보다, 뿌리가 되는 한 과목을 제대로 공부한 후 다른 과목으로 확장해 나가야 제대로 된 통합 교육을 할 수 있다. 다음 내용은 이러한 주장을 뒷받침하는 몇 가지 구체적인 사례이다.

아래는 필자가 정리한 십이간지를 활용한 역사 연대 이해 자료이다. 역사를 공부하면서 충분히 수학적 사고를 할 수 있음을 보여 주는 좋은 예이다.

〈60갑자로 알아보는 국사 연도 계산법〉

임진왜란은 몇 년에 일어났을까? 1592년이다. 조선의 건국이 1392년이고, 조선 건국 200년 후에 임진왜란이 일어났다고 외우면 쉽게 기억할 수 있다. 갑오경장은 몇 년에 일어났을까? 1896년이다. 이렇게 국사를 공부하다 보면 임진왜란, 갑오경장, 정유재란, 을미사변 같이 60갑자를 이용한 역사 사건 명명법이 자주 등장한다. 조선 시대 사건에 이렇게 60갑자 역사 사건 표시가 많은 것은, 조선왕조실록에서 각각의 역사 사건을 60갑자 연도법으로 표기하여 불렀기 때문이다. 임진왜란은 임진년에 왜군이 침입한 사건, 정유재란은 정유년에 왜군이 다시 침입했던 사건으로 기록했다. 그렇기에 조선의 역사를 공부할 때, 60갑자 원리를 이해하면 좀 더 쉽게 연도를 기억할 수 있다.

60갑자란 10간과 12지를 이용한 연도 표시 방법이다.
10간은 갑(甲)·을(乙)·병(丙)·정(丁)·무(戊)·기(己)·경(庚)·신(辛)·임(壬)·계(癸),
12지는 자(子)·축(丑)·인(寅)·묘(卯)·진(辰)·사(巳)·오(午)·미(未)·신(申)·유(酉)·술(戌)·해(亥)로 한자문화권에서 주기를 나타내는데 이용했다.

12지가 각각 상징하는 동물은 자는 쥐, 축은 소, 인은 호랑이, 묘는 토끼, 진은 용, 사는 뱀, 오는 말, 미는 양, 신은 원숭이, 유는 닭, 술은 개, 해는 돼지이다. 우리가 흔히 무슨 띠냐고 물을 때 소띠, 뱀띠라고 하는데 태어난 연도를 이렇게 12주기로 나누어 띠를 정한 것이다.

10간과 12지를 서기연도 끝자리로 대응시켜 보면,
10간은 갑-4 ,을-5, 병-6, 정-7, 무-8, 기-9, 경-0, 신-1, 임-2, 계-3,
12지는 자-4, 축-5, 인-6, 묘-7, 진-8, 사-9, 오-10, 미-11, 신-0, 유-1, 술-2, 해-3 순서이다.

그러면 임진왜란이 일어난 1592년은 10년마다 돌아오는 '임'의 해인 2에 일어났고, 12간지 표시로는 '진'에 해당하는 해이다. 그런데 문제는 10간은 10년 주기이지만, 12지는 둘이 남기 때문에 10년마다 뒤로 두 칸씩 밀리게 된다.

갑신정변은 1884년에 일어났고, 10년 뒤인 1894년에는 갑오농민전쟁이 일어난다. 둘 다 '4'로 끝나는 해이므로, 60갑자 표기는 '갑'이다. 그런데 1884년에 12간지 표시는 '신'이 되었는데, 10년 뒤 '갑'인 해는 '신'에서 뒤로 두 계단 밀린 '오'로 표시된다. 역시 위에서 말한 대로 10간은 서양의 연도 표시인 10진법과 맞지만, 12간지는 둘이 남기 때문에 10년마다 둘씩 뒤로 밀린다. 그러면 20년이면 4, 30년이면 6, 그리고 60년에 10이 차서, 다시 60을 주기로 같은 연도가 반복된다.

시험에는 거의 나오지 않지만 조선의 건국은 1392년이고 임신년이다. 이 원리를 적용해 보면 1392+60년인 1452년도 임신년이고, 600년 후인 1992년도 임신년이다.

이런 식의 공부는 근대 개화기의 많은 사건을 혼동 없이 정리할 때 저력을 발휘한다. 1884년은 갑신년이다. 급진 개혁파가 온건파 각료들을 살해하고 정권을 잡으려 한 갑신정변이 일어났다. 위에서 말한 대로 '갑=4'이다. 조선 역사에서 '갑'자로 시작하는 해에 중요한 사건이 많이 있다. 10년 뒤인 1894년에는 갑오농민전쟁이 있었고, 정국 수습차원에서 조정에서는 갑오개혁안을 발표한다.

1504년에는 갑자사화가 일어난다. 연산군이 자신의 어머니 폐비 윤씨의 복위에 반대하는 선비들을 죽인 사건이다. 많은 한국 사람이 4를 죽은 사(死)라고 싫어하는데, 우연인지 몰라도 '갑'의 해에 한반도에서는 피 흘림이 많았다.

1919년은 기미년이다. '9=기'이다. 나라를 일제에 빼앗긴지 10년, 고종의 서거 이후 조선 민족은 평화로운 방법으로 조선이 독립국임을 선포하고 시위하지만, 일본의 총칼 앞에 여지없이 짓밟히고 만다. 유명한 기미독립선언서는 당대 최고의 문장가 최남선이 작성하였다. 하지만 최남선은 일제 말기에는 변절하고, 친일 행보를 보인다. 1519년은 기묘년이다. 기묘사화라는 중요한 사건이 일어난다. 중종반정 이후 개혁정치를 주도하던 조광조가 훈구파의 미움을 사, 실각하고 사약을 받는 사건이 일어난다. 하지만 무오, 갑자, 기묘사화를 거치며 훈구파에게 탄압을 당하고 죽음을 맞이하던 사림들은 끝내 정권을 잡고, 1575년 동서붕당을 기점으로 같은 사람들끼리 정쟁을 벌이는 당쟁 시대로 들어간다.

1871년은 미국의 존 로저스 제독이 이끄는 미 군함 5척이 강화도를 공격한 신미양요가 있던 해이다. '신=1'이다. '신'이 들어가는 다른 중요한 사건은 1791년 신해박해(정조 15년)가 있다. 천주교도였던 전라도 진산군의 선비 윤지충이 모친상을 당하여 천주교 신도였던 어머니의 유언대로 조문을 받지 않고 천주교식으로 장례를 치르자, 조정에서 윤지충과 권상연(윤지충의 외종사촌)을 고문하고 처형한 사건이다. 조선 최초의 천주교 박해 사건으로 기록되었다. 10년 뒤 1801년 신유년에는 정권을 잡은 시파가 남인과 벽파를 제거하기 위해 역시 천주교도 학살 사건을 벌인다. 약 300여 명의 천주교도가 학살당했고, 그중에는 정약용의 형인 정약종과 중국인 선교사 주문모가 포함되었다.

1882년은 임오군란이 일어난 해이다. 조정의 급격한 개혁 정책과 부당한 처우에 불만을 가진 구식 군인들이 반란을 일으켰다. '임'자가 들어가는 가장 큰 사건 중 하나가 임진왜란이고 1592년이므로, '2는 임자가 있는 해다'라고 외울 수 있겠다. 참고로 임진왜란의 3대 대첩은 한산도대첩(1592-이순신), 진주성대첩(1592-김시민), 행주대첩(1593-권율)이다.

이런 식으로 역사에 수학을 접목하면, 복잡한 연도도 혼동하지 않고 훨씬 쉽게 각 연도를 암기할 수 있다. 또 위의 60갑자 서기 연도 계산법은 아이큐 향상을 위한 두뇌 훈련 게임으로도 활용할 수 있다.

1. 다음 중 연도 표시가 잘못된 해는?

가. 1882년 임오년　　　나. 1895년 을미년

다. 1866년 병인년　　　라. 1873년 신미년

(정답 라. 신미년은 1871년이다.)

2. 1592년은 임진왜란이 일어난 해이다. 1593년은 60갑자력으로 무슨 해인가?

가. 계유년　　　　나. 계사년

다. 계축년　　　　라. 계미년

(정답 나. 1593년은 계사년이다.)

3. 을미사변은 1895년 일어났다. 그러면 명성황후 서거 120주기 기념 행사가 열리는 해는 언제인가?

가. 2012년 　　　　　　나. 2013년

다. 2014년 　　　　　　라. 2015년

(정답 라. 2015년이다. 1895년에 120년을 더하면 된다. 그리고 120은 60진법으로 나누어지는 숫자이므로 같은 을미년이고, '을=5'이므로, 2015년이라는 것을 단번에 알 수 있다.)

　물론 수학이 단순한 산수만이 아니므로 이런 내용으로 충분하지 않다. 당연히 전문적인 내용은 더 공부해야 한다. 하지만 이렇게 역사를 공부하며 왜 수학을 공부하고 수에 대한 개념이 있어야 하는지 알면, 수학 공부도 훨씬 더 재미있게 할 수 있는 동기 부여가 된다.

역사를 통한 영어 공부

역사를 통해 영어 공부도 충분히 할 수 있다. 만약 부모 본인도 영어 공부를 하면서 역사도 같이 깊이 있게 공부하고 싶다면, 한영우의 《다시 찾는 우리 역사》의 영어본 《A review of Korean History》를 교과서 삼아 조금씩 진도를 나가면 된다. 이런 책을 사기 부담스럽다면 우리나라 역사의 주요 인물 이름을 구글로 영어 검색을 하면 해당 자료가 무수히 나온다. 여러 박물관이나 기념관의 영문 브로셔도 좋은 영어 교재이다. 필자가 보기에 각 기념관의 영문 브로셔를 완벽하게 해석할 정도면 수능 영어 90점대는 충분히 받을 수 있다.

아래는 이순신 장군을 영문 검색하여 얻은 위키피디아 내용 중, 이순신 장군 시를 영역한 내용이다. (http://en.wikipedia.org/wiki/Yi_Sun-sin)

〈우리 역사로 하는 영어 공부〉

His last words were, Do not let my death be known.
When luminous moonbeams flash upon Hansan Isle
I myself sit on watch-tower awhile,
At a moment of deep tormenting anguish
With scepter sword carried at my side,
A lute tune out from nowhere renders
But such gut-wrenching sorrows.

(장군의 마지막 말은 '나의 죽음을 알리지 말라'였다.
한산섬 달 밝은 밤에 수루에 홀로 앉아
긴 칼 옆에 차고 시름하던 차에
어디선가 일성호가는 남의 애를 끊나니.)

★ 단어 정리

-중학교 수준

watch tower n. 전망대, 경계 장소

sword n. 칼

carry v. 나르다

-고등학교 수준

solitude n. 외로움

sorrow n. 슬픔

-대학 수준

luminous a. 밝은

anguish n. 고통, 고뇌

render v. (어떤 상태과 되게) 만들다, 행하다

gut n. 창자

　나름 영어 교육전공자로서 우리나라 영어 교재에 안타까운 점이 있다. 아예 전체 영어 콘텐츠를 우리 역사로 하면 될 것을, 실생활과 동떨어진 교재를 만드는 데 많은 시간과 비용을 쓰고 있다. 영어 교육학의 대표적인 학자인 데이비드 누난(David Nunan)은 억지로 만들어 낸 자료(Concocted material)라고 이를 비판한다. 제도권 학교는 어쩔 수 없겠지만, 나름 교재 선택의 자율권이 있는 대안학교, 홈스쿨링 가정에서는 한국사라는 하나의 주제로 영어 교육을 해 보길 권한다.

위의 내용이 바로 '통합 역사 교육'으로 대안 교육이나 홈스쿨링에서 초등학교 때 적용할 수 있는 좋은 커리큘럼이다. 왜 공부해야 하는지도 모르고 잡다하게 여러 과목을 이것저것 공부하기보다 뿌리가 되는 과목에서 어휘력과 사고력, 표현력을 기르고, 이후 다른 과목으로 관심사를 넓혀 가는 것이 교육적으로 더 효과가 있다. 특히 역사 공부를 통해 자기가 왜 공부해야 하는지를 깨닫고, 내재적인 동기 부여가 되면, 중·고등학교 수준의 세부 과목들을 스스로 공부할 수 있는 능력이 저절로 길러질 것이다.

상상력이 지식보다 강하고, 그렇게 믿는 것이 역사보다 강하다.
꿈이 사실보다 강하고, 희망이 경험을 이긴다.

I believe that imagination is stronger than knowledge.
That myth is more potent than history.
That dreams are more powerful than facts.
That hope always triumphs over experience.

_로버트 풀검(Robert Fulghum)

역사 하브루타의
실제

유치, 초등 저학년 아이들과의 역사 하브루타

다음 사례들은 지난 5년간 탈무드식 역사 토론을 하며 아이들과 나눈 대화 가운데 대표적인 내용을 정리한 것이다. 대화가 길지만 실제 대화가 어떻게 진행되고, 또 예상치 못한 아이들의 질문이 나왔을 때 어떻게 부모가 대답하고 이야기를 이어갈 수 있는지 보여 주기 위해 최대한 실제 상황 그대로 옮겼다.

대화를 보기 전 앞부분에 아이가 어떤 책을 읽었는지 소개하고, 부모가 미리 책을 보고 공부해서 그 주제에 대해 어떤 점을 중점적으로 이야기 나눌지 〈부모 예상 질문〉을 두어, 처음 탈무드식 독서 토론을 시작하는 부모들에게 도움을 드리고자 했다.

01 이차돈은 왜 목숨보다 신앙을 택했을까?

아이가 읽은 책 《명랑한국사 14. 이차돈을 잃고 불교를 얻다》, 이수미디어, 2016

아이 여원(가명) 7세 여아

부모 예상 질문 어린 나이에 이해하기 어려운 '불교'와 '순교'라는 주제를 아이가 택했다. 이번 기회에 죽음과 삶의 이유, 삶의 우선순위에 대해 나눠 본다.

1. ○○(이)는 죽는다는 것이 어떤 느낌인지 알아?

2. 사람들은 왜 자신의 신념이나 종교를 위해 죽음도 무서워하지 않을까?

3. ○○(이)가 생각하는 삶에 있어서 제일 중요한 것은 무엇이니?

4. 신라는 왜 다른 고대 왕국에 비해 불교를 받아들이는 게 늦었을까?

5. 왜 우리나라는 오랫동안 불교적 이념을 받아들였을까? 불교의 어떤 요소가 많은 사람들에게 감명을 주는 것일까?

책 내용 요약하기

부모   오늘 여원이가 읽은 책은 뭐지?

여원   《이차돈을 잃고 불교를 얻다》라는 책이요.

부모   여원이는 아직 학교에 안 갔는데 글을 읽을 줄 아니?

여원   아니요, 다 읽지는 못하는데 엄마가 모르는 부분은 읽어 줬어요.

부모   아 그랬구나. 내용은 어렵지 않았어?

여원   별로 어렵지 않았어요.

부모   그래, 그럼 책은 어떤 내용이었니?

여원   이차돈은 왕의 신하였어요. 이차돈은 신(神)의 나무를 베어 절을 만들겠다고 했어요. 화가 난 귀족들은 왕에게 달려갔어요. 귀족들은 신의 나무를 왜 베냐고 말했어요. 법흥왕은 이차돈에게 왜 신의 나무를 베었냐고 물었고, 이차돈은 "죽을 죄를 지었습니다. 신(臣)의 목을 자르십시오."라고 말했어요. 왕은 이차돈의 목을 자르라고 했어요. 칼이 이차돈의 목을 쳐서 날아갔어요. 그런데 이차돈의 목에서 하얀 젖이 나오고, 하늘에서 꽃비가 내렸어요. 신하들은 깜짝 놀라서 엎드렸어요. 그리고 자신들을 용서해달라고 했어요. 왕은 신하들에게 벌을 내렸어요. 그런 후 이차돈을 묻어 주었어요. 그래서 신라에서는 많은 사람들이 불교를 믿게 되었어요.

부모   와! 이렇게 긴 내용을 어떻게 잘 기억하고 말할 수 있을까? 아주 잘했어. 글자도 잘 모르는데 이 내용을 다 기억하니?

여원   (웃음) 글자는 다 모르지만 그림을 보면 기억이 나요.

순교의 의미를 이해하기

부모   아, 그렇구나. 사실 오늘 이 이야기는 굉장히 어려운 개념을 다루고 있는데, 혹시 여원이는 '순교'라는 말을 아니?

여원   몰라요.

부모   지금처럼 이차돈이 자신의 신앙을 위해서 목숨을 버렸잖아. 이렇게 자신의 종교적인 신념이나 믿음을 위해서 기꺼이 자기를 희생하고 목숨을 버리는 것을 순교라고 해. 그래도 좀 어렵지?

여원   네.

부모   그래, 지금은 정확히 그 의미를 몰라도 되는데 그럼 좀 쉽게 생각해 볼까? 여원이는 일요일마다 성당에 다니지?

여원   네. 일요일마다 성당에 가요.

부모   그래, 그런데 어느 날 정부에서 사람들이 와서 여원이를 붙잡고, 이제부터 성당에 다니지 말라고 하면 어떻게 할 거야?

여원   (웃음) 그래도 다녀요.

부모   그럼 단순히 말로만 그러는 게 아니라, 내일 성당에 가면 맴매를 10대 때리고, 성당에 안 가면 맴매 안 때리고 초콜릿 준다고 하면 여원이는 어떻게 할래?

여원   음, 전 초콜릿 안 좋아하는데….

부모   그래? 그럼 초콜릿 말고, 하여간 성당에 가면 맴매 10대 맞고, 성당에 안 가면 맴매 10대 안 맞는다고 하면 어떻게 할래?

여원   그런데 맴매 왜 때려요? (울려고 함)

부모	아, 진짜로 지금 때리는 게 아니라, 한번 그렇다고 생각해 보자는 거야. 너무 심각하게 생각하지 말고…. 하여간 맴매 맞는 건 아프잖아. 그런데 이차돈처럼 목이 잘리면 더 아프겠지?
여원	네.
부모	그래, 이렇게 맴매 맞는 것도 아픈데 목이 잘리면 더 아프고 힘들겠지? 그런데도 이차돈은 왜 기꺼이 자기 목을 자르라고 했을까?
여원	불교를 전하려고요.
부모	그래, 아빠가 알기로는 그때 이미 불교가 신라에 상당히 들어와 있었는데, 이차돈의 이런 순교가 계기가 되어서 신라도 고구려, 백제와 마찬가지로 왕실과 백성들이 다 같은 종교를 믿는 불교 국가가 되었다고 하는구나. 그런데 사실 이런 순교는 불교뿐 아니라 기독교에서도 많았는데, 우리나라에서는 특히 천주교에서 상당한 순교가 있었다는 것 아니?
여원	아니요, 몰랐어요.
부모	아까 아빠가 여원이 내일 성당에 가면 맴매 10대 때리고, 안 가면 안 때린다고 했잖아. 진짜 이런 식으로 조선 시대 때 천주교 신앙을 계속 가지면 죽이고, 신앙을 버리면 살려 주겠다고 했는데, 많은 사람들이 죽음을 선택한 일들이 있었단다. 작년에 조선 시대사 할 때도 한 번 이야기했는데, 혹시 절두산 성지라는 곳이 있다고 말한 것 기억나니?
여원	아, 들어 본 것 같아요.

부모	그래, 절두산((切頭山). 자를 절(切), 머리 두(頭), 메 산(山). 사람의 머리를 잘랐던 산이라는 뜻이야. 대원군 시절에 이곳에서 수천 명의 천주교 신자들이 자신의 신앙을 지키다 죽었지.
여원	근데 왜 죽어요? 살아서 몰래 성당에 다니면 안 돼요?
부모	아 그럴 수도 있겠구나. 그런데 이 사람들은 그렇게 몰래 믿기보다, 차라리 죽어서 더 좋은 세상으로 가는 게 낫다고 생각했던 것 같아. 사실 여기에 굉장히 중요한 질문이 있는데, 이 사람들 혹은 이차돈은 왜 자신의 생명보다 신앙을 더 중요하게 생각했을까?
여원	모르겠어요.

사람과 동물은 어떻게 다를까?

부모	이건 탈무드 토론에서도 굉장히 중요하게 생각하는 것인데, 이 사람들은 눈에 보이는 세상만이 그리고 육신만이 우리의 전부가 아니라고 생각했단다. 좀 쉽게 말하면 사람은 동물과는 달리 영이 있는데, 어떻게 설명하면 좋을까? 그래, 먼저 여원이가 생각하기에 사람이 동물하고 다른 점이 뭐가 있을까?
여원	사람은 동물처럼 네 발로 걸어다니지 않아요. 그리고 강아지처럼 물을 혓바닥으로 핥아 먹지 않아요.
부모	아 그렇구나. 그럼 원숭이는 어떠니? 원숭이는 두 발로 걸을 때도 있는데?

여원 (무시하고 자기 이야기를 함) 아, 그리고 사람은 개나 고양이처럼 목에 줄을 매고 다니지 않아요. 줄을 매고 다니면 너무 웃기잖아요. (신 나서) 하하. 생각만 해도 웃겨요. 또 사람은 비둘기처럼 깃털이 없고, 새처럼 날아다닐 수가 없어요.

부모 (웃으며) 와, 여원이가 이야기가 빵 터지고 아주 신이 났구나.

여원 아, 원숭이는 꼬리가 있는데 사람은 꼬리가 없어요. 그리고 원숭이 엉덩이는 빨개요. (웃으며) 빨개면 사과고, 사과는 맛있어요.

부모 와, 그렇구나. 그럼 여원아 여기서 한번 정리해 보자. 지금 여원이가 말한 것은 다 눈에 보이고 손으로 만질 수 있는 것이거든. 그런데 세상에는 눈에 보이지 않고, 손으로 만질 수 없는 부분이 있어. 그런 것을 영적인 세계나 정신세계라고 해.

여원 (계속 무언가 생각난 듯) 아, 그리고 얼룩말은 몸에 줄이 있는데 사람은 없어요. 동물은 풀만 먹고 사는데 사람은 고기도 먹어요.

부모 그래 맞아. 아빠가 좀 더 이야기하고 싶은 부분이 있는데 오늘은 여원이가 사람과 동물의 다른 점에 꽂혀서 말이 빵빵 터졌으니 다음 시간에 사람과 동물이 어떻게 다른지에 대해서 좀 더 이야기해 보자. 이렇게 어떤 기준을 가지고 세상에 있는 사물이나 현상을 분류해 보는 연습은 생각의 힘을 기르는 데 아주 의미 있는 활동이란다. 사람과 동물을 구분할 수 있는 가장 확실한 기준이 무엇일지 한 번 더 깊이 생각해 보면 좋겠다.

여원 알았어요.

부모	그래, 오늘 이렇게 아빠랑 이야기해 보니 재미있었니?
여원	네, 처음에는 무슨 이야기를 해야 하나 걱정했는데, 이야기하면서 재미있는 게 많이 생각나서 좋았어요.
부모	그래, 아빠도 이차돈 이야기를 하며, 나는 내가 목숨을 걸고 지킬만한 게 무엇인가를 다시 한 번 생각해 볼 수 있는 기회가 되었단다. 다음에는 자료를 찾아봐서 좀 더 깊은 이야기를 나눠 보고, 시간을 내서 절두산 성지에도 가보자꾸나.
여원	네, 좋아요.

1. 추상적이고 어려운 개념

유아나 초등 저학년 아이에게 '순교'나 '정의' 같은 추상적인 개념을 설명하기란 쉽지 않다. 하지만 아이가 알아들을 수 있는 비유나 이야기로 쉽게 풀어서 설명하면 어른도 막연했던 개념이 분명해지고, 과연 나는 그런 개념을 제대로 알고 실천하고 있는가를 돌아보는 기회가 된다.

어려운 개념이 나왔는데 제대로 설명을 못 했다고 해서 부담 가질 필요는 없다. 앞의 사례에서 보듯이 삼국 시대에서 이차돈의 순교를 생각해 보고, 이후 조선 시대를 공부하며 신유박해(순조 원년, 최초의 천주교 박해), 병인박해(고종 3년, 최대 박해, 순교자 약 8,000명) 부분에서 다시 한 번 그 의미를 짚어 볼 수 있다. 또한 '사랑', '정의', '용기'와 같은 개념이 우리가 왜 살고, 어떻게 사는지를 결정하는 데 중요하다면 다른 역사적인 사건이나 인물을 공부할 때도 계속 반복될 것이다. 가정 중심으로 하나의 주제를 가지고 꾸준히 소통하는 탈무드식 역사 토론을 한다면 이런 어려운 개념도 자연스럽게 아이와 이야기할 수 있는 분위기와 여건이 마련된다.

---

2. 부모가 전하고 싶은 내용, 아이가 말하고 싶은 내용

앞의 대화에서처럼 아빠는 이번 기회에 영적 세계의 의미와 사후 세계, 그리고 정신적 가치를 나누고 싶었는데, 아이는 계속 본인이 알고 자랑하고 싶은 것을 이야기했다. 이런 경우 아이가 어릴수록 본인이 하고 싶은 말을 더 하게 하는 것도 좋다. 굳이 이번 기회가 아니더라도 역사 토론을 꾸준히 하다 보면 비슷한 주제를 말할 기회가 오기 때문에, 반드시 이번에 무언가를 말해야 한다는 강박 관념을 갖지는 말자.

3. 기준을 정하고 분류하는 사고법

'사람과 동물의 차이는 무엇일까?', '강대국과 약소국의 차이는 무엇일까?', '정의와 불의의 차이는 무엇일까?'와 같이 기준을 정하고 분류하는 사고법은 탈무드식 생각 훈련에서 아주 중요한 부분이다. 실제 원전 탈무드에서는 이런 사고법과 생각 훈련 사례가 많이 나온다.

아래는 탈무드 한 챕터인 〈피르케이 아보트(아버지들의 윤리)〉에 나오는 구절인데, 두 개의 분류 기준을 정해 4가지로 생각하는 모습을 보여 주는 좋은 예이다. 일종의 2X2 매트릭스 사고 훈련이다.

세상에는 네 부류의 사람이 있다.

첫째는 "내 것은 네 것이고, 네 것은 내 것이다"라고 말하는 자. 분별력이 없는 바보이다.

둘째는 "내 것은 내 것이고, 네 것은 네 것이다"라고 말하는 자. 평범한 사람이나 죄를 지을 가능성이 있다.

셋째는 "내 것은 당신 것이고, 당신 것은 당신 것이다"라고 말하는 자. 바로 경건한 사람이다.

마지막으로 "내 것은 내 것이고, 네 것도 내 것이다"라고 말하는 자. 말할 것도 없이 악한 사람이다. 〈피르케이 아보트 5:10〉

세상에는 네 종류의 학생이 있다.

첫째는 빨리 배우지만 쉽게 잊어버리는 자. 그의 결점으로 인해 그동안의 공이 쉽게 무너진다.

둘째는 배우는 것은 느리지만 잘 잊어버리지 않는 자. 그의 덕으로 인해 결점이 가려진다.

셋째는 빨리 배우지만 잘 잊어버리지 않는 자. 이런 학생이 훌륭한 학생이다.

마지막으로 배우는 게 느리고, 쉽게 잊어버리는 자. 이런 학생은 학생의 자질이 없다고 볼 수 있다. 〈피르케이 아보트 5:12〉

02 광종은 왜 노비를 풀어 주었을까?

아이가 읽은 책 《명랑한국사 23. 광종이 노비를 풀어 준 까닭은?》, 이수미디어, 2016

아이 지은(가명) 7세 여아

부모 예상 질문 7세 아이가 광종의 노비안검법이라는 어려운 주제를 선택했다. 아이가 내용을 얼마나 이해했는지, 광종의 왕권 강화책과 당시 지배 계급에 관한 이야기, 자연스럽게 지금의 지배 계급이라고 할 수 있는 자본가와 돈에 대한 이야기를 해 본다.

1. 광종의 노비안검법에 대해 아는 대로 설명해 볼래?

2. 광종은 왜 이런 정책을 펴야 했을까?

3. 당시 지배 계급은 어떤 사람들이었을까?

4. 지금의 지배 계급은 누구라고 할 수 있을까?

5. 우리는 자본주의 사회에 살고 있다. 돈에 대해 어떤 태도를 가져야 할까?

광종의 노비안검법은 어떤 정책이었나?

부모   오늘은 고려 시대사인데, 지은이가 읽은 책은 어떤 내용이었니?

지은   고려 시대에 광종은 왕권을 강화하기 위해 많은 정책을 썼어요. 그 정책 중 하나가 노비를 풀어 준 것이었어요. 당시 양반들은 많은 노비를 거느리고, 많은 땅을 가지고 있었어요. 그런데 노비는 세금을 내지 않아서 양반들만 부자가 되었어요. 광종은 노비를 풀어 줘서 양반의 세력을 약화시켜 왕권을 강화하고, 나라를 더욱 튼튼하게 만들었어요.

부모   와! 정말 잘했어. 사실 7살 때 이런 시대사 내용을 이해하고 정리하기 쉽지 않은데, 어떻게 이렇게 잘 정리했니? 책 읽으면서 어렵지 않았니?

지은   조금 어려웠지만 무슨 내용인지는 알겠어요.

부모   그렇구나. 사실 이 부분은 어른들도 공부하기 쉽지 않은데, 어디 같이 한번 정리해 볼까? 먼저 고려 시대 나라에서 제일 힘이 센 사람은 누구였을까?

지은   왕이요.

부모   그래, 왕이지. 그럼 왕 다음으로 힘이 센 사람들은?

지은   신하, 양반이요.

부모	그래, 신하들이지. 양반은 조선 시대 과거에 급제해서 왕의 신하가 된 사람들이나 지방의 관리와 군인들을 말하는데, 고려 시대에는 이런 사람들을 부르는 말이 따로 있었어. 혹시 아니?
지은	모르겠는데요.
부모	그래, 그럼 이건 다음 시간까지 다른 책을 보고 한번 찾아볼래? (웃으며) 나중에 크면 학교나 수능 시험에도 나오는 내용이거든. 이렇게 왕과 함께 그 나라를 다스렸던 사람들을 지배 계급이라고 해. 삼국 시대의 지배 계급은 귀족, 고려 시대는 OO, 조선 시대는 양반 혹은 사대부 이런 식으로 이야기한단다. 그럼 고려 시대의 지배 계급은 무엇이었을까?
지은	뭐에요?
부모	뭘까요? 그래서 아빠가 숙제 내 주는 거야. 아빠가 바로 이야기해 줄 수도 있지만 그러면 금방 잊어버리거든. 지은이가 스스로 찾아서 다시 한 번 공부해 보고, 아빠나 친구들에게 설명하면 거의 잊어버리지 않게 되지.
지은	그래요?
부모	그럼. 무언가를 배우고 지식을 습득하는 가장 좋은 방법은 자기가 공부하고 이해한 내용을 다른 사람에게 설명할 때거든. 이런 말도 있지. 눈으로만 공부하면 20%만 남고, 눈으로 보고 귀로 들으면 40%가 남고, 눈으로 보고, 귀로 듣고, 입으로 말하면 60%가 남고, 자기가 이해한 것을 남에게 설명할 수 있으면 80% 이상 남는다고.

지은   알았어요. 다음 시간까지 찾아볼게요.

부모   그래, 고려 시대에는 초기에 OO 세력이 왕의 권한보다 더 강력해서 광종이 나라를 다스리는 데 어려움이 많았던 것 같구나. 이들이 땅과 노비를 많이 가지고 있어서 세금도 많이 안 걷혔던 것 같고.

지은   그랬던 것 같아요.

고대 시대에는 왜 노비가 중요했을까?

부모   예나 지금이나 이렇게 소수의 사람들이 많은 국가의 부를 독점하는 게 문제되는 경우가 많아. 그런데 왜 노비가 중요한 의미를 가질까?

지은   왜요?

부모   사실 노비는 옛날에 농사짓거나 군사력을 가질 때 중요했던 것 같아. 옛날은 대부분 농경 시대였으니까 농사지을 일꾼이 필요했겠지. 그런데 지은이 농사가 뭔지 아니?

지은   알아요. 씨를 뿌려서 곡식을 걷어 들이는 거요.

부모   그렇지, 언제 그런 것도 다 배웠니? 그럼 하나하나 생각해 보자. 먼저 씨를 뿌리기 전에 논이나 밭을 갈거나 정리를 해야겠지. 그렇지 않으면 씨가 뿌리를 내리고 식물이 자랄 수 없잖아. 그러면 씨를 뿌린 다음에 어떻게 해야 하지?

지은   물을 주어요. 그리고 햇볕도 주고 비료도 주어요.

부모   정말 잘 아네. 빛을 이용해 식물이 성장하는 작용을 광합성이라고 해. 그런데 햇볕은 사람이 주지 않아도 태양이 공짜로 주니까 사람이 일할 필요는 없겠지. 한 가지 중요한 일이 곡식 사이에 나는 풀을 뽑아 주는 거란다.

지은 　왜 풀을 뽑아요?

부모 　풀을 뽑지 않으면 곡식으로 가야 할 땅의 영양분을 풀이 가져가기 때문이지. 이렇게 풀을 뽑는 걸 우리말로 김매기라고도 해.

지은 　김? 먹는 김이요? (웃으며) 나 김 좋아하는데….

부모 　그래, 아빠도 어릴 때는 김매기가 먹는 김을 어떻게 하는 건지 알았는데, 풀을 뽑는 것을 말하는 걸 (웃으며) 나중에 알았지 뭐니…. 그렇게 여름에 김매고, 물을 주고, 가을에는 뭘 해야 할까?

지은 　추수를 해요.

부모 　그래, 추수하고 이후에 쌀이나 곡식을 말려서 저장하고 할 일이 많단다. 그럼 여기서 생각해 보자. 이 많은 일을 옛날에는 어떻게 했을까? 지금처럼 기계도 없었을 텐데 말이지.

지은 　사람이 다 했어요.

부모 　그렇지, 사람이 다 했겠지. 그래서 많은 사람의 힘이 필요했고. 이걸 어려운 말로 노동력이라고 하거든. 농경 시대에는 토지와 노동력이 많은 사람이 부와 권력을 가졌는데, 광종 때에는 OO 세력들이 나라의 상당한 토지와 노동력을 가지고 있었던 것 같아.

지은 　아! 그렇구나.

지금은 누가 부와 권력을 가지고 있을까?

부모 그럼 지금은 어떤 것 같니? 지금도 부와 권력을 가진 사람들이 토지
와 노동력을 많이 가지고 있니?

지은 그건 모르겠어요.

부모 그래, 이 부분은 어렵지? 지금은 토지와 노동력을 살 수 있는 O가
있는 사람들을 지배 계층이라고 하는데 그게 뭘까?

지은 돈이요?

부모 그래, 돈이지. 그런데 지은이가 이 어려운 개념을 어떻게 알았지?

지은 (웃으며) 뭐를 산다고 그래서요. 뭘 사려면 돈이 있어야 하니까요.

부모 그렇지, 그 돈을 좀 더 어려운 말로 자본이라고 한단다. 지금 우리가
사는 시대를 자본주의 시대라고 해. 앞으로 역사를 공부하고 특히
현대사에 오면 계속 자본주의 이야기가 나와. 이후에도 사회·경제
사 부분을 공부하면 자본주의에 대해 계속 이야기할 텐데, 지금 지
은이에게는 좀 어려울 수 있으니까, 나중에 더 크면 자세히 알아보
도록 하자.

지은 알았어요.

돈에 대해 어떤 이미지와 기억을 갖고 있나?

부모 근데 지은이는 돈에 대해 어떻게 생각하니? 지은이는 돈 하면 뭐가
생각나지?

지은	뭘 살 수 있고, 심부름하면 받을 수 있는 거요.
부모	아, 그렇구나. 엄마가 심부름하면 용돈을 주시니?
지은	네.
부모	그 용돈을 받으면 뭐 하니?
지은	엄마를 도와줘요.
부모	엄마를 도와줘? 어떻게?
지은	물건 살 때 돈이 모자라면 엄마를 줘요.
부모	그래? 그럼 엄마가 장 보러 갈 때마다 따라가서 돈이 모자를 것 같으면 엄마한테 용돈으로 받은 것을 드리니?
지은	(웃으며) 아아, 그건 아니고요. 전에 한 번 엄마가 돈이 모자란다고 제 돼지 저금통에서 돈을 가져가셨어요. 그리고 돈이 있으면 크리스마스 때 어려운 사람을 도울 수 있어요.
부모	아, 그랬구나. 그때 기분이 어땠니?
지은	아주 좋았어요.
부모	아, 그러면 지은이는 돈에 대해 아주 좋은 기억을 가지고 있겠구나. 심부름하면 엄마, 아빠에게 돈을 받을 수 있고, 가끔 엄마를 도울 수도 있고, 크리스마스 때 어려운 사람도 도울 수 있고.

아빠의 돈에 대한 기억

지은	그럼 아빠는 돈 하면 뭐가 생각나요?

부모	그래, 그 부분이 오늘 말 나온 김에 나눠 봤으면 하는데. 사실 아빠는 최근에 이요셉 소장님의 〈머니패턴〉이라는 심리 상담 과정을 듣고, 내가 돈에 대해 굉장히 왜곡된 기억을 가지고 있다는 것을 알게 되었단다.
지은	왜곡이 뭐에요?
부모	음, 비틀어지고 잘못된 것. 무언가 꼬인 것을 말하지. 이요셉 소장님이 이런 질문을 하셨어. '돈에 대한 제일 어렸을 때의 기억이 뭔가요?'
지은	뭐에요?
부모	전에도 가끔 이야기했는데, 아빠가 어렸을 때 부모님이 시골에서 농사짓고 가난하게 사셨거든. 가끔 여름에 아빠와 작은 아빠에게 쭈쭈바를 사 주셨어. 참, 쭈쭈바가 뭔지 아니? 지금은 빠삐코라고 하나? 길쭉한 플라스틱 고무 같은 것에 든 아이스크림이었는데, 돈이 없으니까 하나를 사서 칼로 나누어 아빠와 작은 아빠에게 주셨지. 그런데 아빠는 이 쭈쭈바를 너무 먹고 싶고, 반쪽이 아닌 온전한 하나를 먹고 싶었지. 그러던 어느 날 아빠 할머니가 집에 오셨는데, 할머니가 지갑을 장롱에 넣어 두시는 것을 보았어. 이야기가 좀 길어지는데 재미있니?
지은	네, 재미있어요. 그래서 어떻게 했어요? 할머니 돈을 훔쳤어요?
부모	그래, 할머니 쌈짓돈에서 500원을 빼서, 동네 가게에 가서 쭈쭈바 3개를 샀지. 그때가 6살인가, 7살인가 학교 가기 전이었어. 쭈쭈바 한 개를 먹고, 두 개는 주머니에 넣고 집에 오는데, 저기 할머니가

오시지 뭐니? 그래서 쭈쭈바를 등 뒤에 숨기고 막 도망갔지. 할머니가 아빠를 부르는데 대답도 안 하고.

지은   그래서 나중에 안 들켰어요?

부모   하여간 집에 와서 저녁에 자는데, 할머니가 고모한테 이런 말을 하는 거야. "근데 혹시 내 주머니에서 돈 가져갔니? 이상하게 500원이 비네." 이 말을 들으니 잠이 번쩍 깨는 거야. 그런데 그냥 못 들은 척하고 잤지.

지은   그래서 나중에 안 혼났어요?

부모   응, 할머니가 알고도 용서해 주신 건지, 정말 모르신 건지 그냥 그렇게 넘어갔는데, 하여간 이게 아빠가 기억하는 돈에 대한 첫 기억이야. 이런 기억을 떠올리고, '이때 나의 감정은 어떠했나?', '돈은 나에게 ＿＿＿이다.', '나는 ＿＿ 해야 한다.'라는 질문에 답하며 돈에 대한 나의 생각을 정리해 봤어. 결론은 '돈은 나에게 쭈쭈바를 사 줄 수 있는 것이다. 하지만 정당하게 벌지 못한 돈은 나를 불안하게 만든다. 나는 정당하게 돈을 벌어서, 내가 원하는 것을 사먹어야 한다.'라는 생각을 하고 있다는 것을 알게 되었지.

지은   그래서 아빠는 돈에 대한 기억이 안 좋아요?

부모   그래, 아빠는 돈에 대한 부정적인 기억이 있었던 것 같아. 어떻게 보면 아빠가 도둑질했던 것을 감추기 위해, '돈은 정당하게 벌어야 해.'라는 높은 도덕적인 기준을 갖고, 아빠나 다른 사람들에게도 적용했던 것 같아.

지은	도덕적인 기준이요?
부모	그래, 사람이면 당연히 이렇게 해야 한다는 기준인데, 사실 돈을 어떻게 버는 것이 정당한 것이냐는 사람마다 생각이 조금씩 다를 수 있어. 아빠는 돈에 대해 상당히 높은 기준을 정하고, 아빠가 생각하는 기준에 부합하지 않는 돈 버는 방법은 자꾸 피하려고 했던 것 같아. 사실 이런 돈에 대한 기억이나 태도는 어려서의 경험이나 부모님들이 보여주는 태도에 상당히 영향을 많이 받는다고 해. 그런데 지은이는 다행히도 돈에 대해 아주 좋은 기억을 가지고 있는 것 같아. 지은이는 돈이 많으면 좋겠니?
지은	네, 많으면 좋아요.
부모	그럼 그 돈으로 뭐를 할 수 있니?
지은	돈이 필요한 많은 사람을 도와줄 수 있어요.
부모	그래, 그게 바로 '부자 마인드'라고 해. 지은이는 돈에 대한 기억도 좋고, 돈을 어떻게 써야 하는지에 대한 생각도 잘 가지고 있는 것 같구나. 사실 오늘은 광종의 노비안검법(奴婢按檢法)을 이야기하다가 돈 이야기까지 하게 되었네. 어때 재미있었니?
지은	네, 재미있었어요. 그리고 아빠 어렸을 때 이야기도 재미있었어요.
부모	그래, 이런 걸 '하브루타 힐링'이라고 하는데, 지은이와 역사 공부하다 아빠 어렸을 때 기억도 이야기하고, 오히려 아빠가 힐링하는 시간을 가졌구나. 아빠와 이런저런 이야기를 나눠 줘서 고맙다.
지은	저도 아빠와 같이 이야기 나눠서 좋아요.

| 심쌤의 Tip |

1. 정답을 바로 말해 주지 않기

역사 하브루타를 하다가 아이가 역사 용어나 연대를 혼동할 때, 바로 고쳐 주고 정확한 정보를 주기보다, 하루나 한 주 정도 시간을 주어 스스로 찾아보고, 다음 시간에 말해 보게 하는 것도 좋은 방법이다. 물고기를 주기보다 물고기 잡는 법을 가르치는 것일 수 있고, 헷갈리는 내용을 정리하며 스스로 공부하는 힘을 기를 수 있다.

---

2. 어려운 용어의 노출

어린이라고 마냥 쉬운 글만 보는 것보다, 어른과 이야기하면서 잘 모르는 용어나 개념을 묻고 답하며 자연스럽게 어휘력을 확장할 수 있다. 왜곡, 지배 계층, 자본주의 같은 용어가 이번에 나온 사례이다. 부모들도 이런 용어의 정의를 찾아보고 설명하면서 개념을 좀 더 명확히 이해할 수 있다.

---

3. 하브루타 힐링

필자는 종종 "아이를 가르치려고 하기보다 아이와 함께 배운다"라는 편한 마음으로 역사 토론을 하면 된다고 말한다. 그런데 가끔 아이들과 역사 토론을 하다 보면 배우는 차원을 넘어서 내 상처와 어린 시절의 기억을 나누며 부모가 오히려 힐링을 경험하고, 역사 인물의 삶을 보며 내 인생의 고민이나 문제가 해결되는 경험을 하기도 한다. 그리고 자연스럽게 부모의 어린 시절 경험을 공유하며 아이는 엄마, 아빠도 나와 같은 어린 시절이 있었다는 동질감을 느끼고, 부모도 아이의 마음으로 돌아가 아이를 바라볼 수 있어 좀 더 친밀한 소통을 할 수 있다.

---

4. 어른들 수준에서 소통하는 아이들

가끔 유대인 가정에 가 보면, 어린 아이인데 어른들과 이야기해도 전혀 대화의 소재나 내용이 밀리지 않는 아이들을 본다. '소통테이너'로 유명한 오종철 대표는 주한 이스라엘 대사 집에 방문했다가, 집을 방문한 손님들에게 집안 구석구석의 그림이나 전시물을 똑 부러지게 안내하고, 자기 나라 문화에 대해서도 잘 설명하는 12살 아이를 보고 큰 감명을 받았다고 한다. 오늘 대화 사례를 보면 이런 일이 어떻게 가능한지 짐작할 수 있다. 7살 때부터 자본주의와 지배 계급에 대해 듣고, 개념을 파악하고, 이요셉 소장이라는 그 분야 전문가의 이름과 '머니패턴', '심리 상담'이라는 용어에 노출된 아이가 이후 많은 독서와 토론을 하며 본인이 관심 있는 주제로 더 깊이 파고들어 구체적으로 찾아볼 수 있다. 이렇게 특정 분야를 몇 년 공부하고, 그 분야 전문가인 어른들과 교류하다 보면 10살 전후가 되었을 때 어른들과 이야기가 될 정도로 지식 수준이 올라오는 경우도 있다. 한 주제 중심의 원소스 교육, 아이 주도 교육의 힘을 느낄 수 있는 대목이기도 하다.

03 태종 이방원은 나쁜 사람인가?

아이가 읽은 책 《만화 한국사 15. 조선의 건국》, 지경사, 2011

아이 성준(가명), 초등학교 2학년 남아

부모 예상 질문 9세 남자아이가 조선의 건국에 관한 시대사 책을 읽었다. 조선 건국 과정에서 있었던 많은 우여곡절을 아이는 어떻게 바라보고 있을까?

1. 조선의 건국 과정에서 제일 인상 깊은 인물이나 사건은 무엇인가?

2. 왜 조선 건국 과정에서 많은 사람이 죽어야 했을까?

3. 다른 시대의 건국 과정과는 어떻게 다를까?

4. 그런 역사적 사건에서 배울 수 있는 교훈은 무엇일까?

5. 오늘 배운 역사적 교훈을 우리 삶에 어떻게 적용할 수 있을까?

조선 건국 과정에서 어떤 일이 있었나?

부모   성준아, 오늘은 어떤 책을 보았니?

성준   《조선의 건국》이라는 책을 읽었어요.

부모   그래, 아빠는 한영우 교수님의 《다시 찾는 우리 역사》 조선편을 읽었단다. 성준이는 책을 보면서 가장 인상 깊었던 것이 무엇이었니?

성준   태조 이성계가 고려를 무너뜨리고 조선을 세운 거요.

부모   그래, 태조 이성계가 조선을 세웠구나. 또 생각나는 거 있니?

성준   이방원이 정몽주를 죽였어요.

부모   왜 죽였을까?

성준   정몽주는 고려를 지키려고 했어요.

부모   그래, 정몽주는 고려를 지키려고 했고, 태조나 나중에 태종이 되는 이방원은 고려를 무너뜨리고 새로운 나라인 조선을 세우려고 했지.

성준   그리고 이방원은 정도전도 죽이고, 자기 동생들도 죽였어요.

부모   아! 태종 이방원은 정도전도 죽이고, 태조와 정도전이 세자로 삼은 배 다른 동생을 죽였구나. 이렇게 나라가 세워지고, 정치가 한 번 바뀌는데 많은 사람이 피 흘리는 모습이 나타나는구나.

태종 이방원은 나쁜 사람인가?

성준   그럼 아빠 이방원은 나쁜 사람이에요?

부모   성준이는 어떻게 생각하니?

성준	나쁜 사람인 것 같아요.
부모	왜 그렇게 생각하지?
성준	사람을 많이 죽였으니까요.
부모	그래, 그 점은 결코 잘했다고 할 수 없지. 그러면 만약에 정몽주가 이방원에게 죽지 않고 정권을 잡아서, 이성계와 조선의 건국 세력을 제거했다면 정몽주는 사람을 죽이지 않았을까?
성준	글쎄, 잘 모르겠는데요.
부모	이것도 참 어려운 점이란다. 지금이야 정치권력을 빼앗기면 그냥 조용히 물러나고 목숨은 부지할 수 있지만, 조선 시대만 해도 한 번 정치권력을 빼앗기면 본인뿐 아니라 가족들 모두 죽는 경우가 많았지. 이건 좀 어려운 말인데 '멸족을 당한다', '삼족(三族)을 멸한다'라는 말이 있단다.
성준	그게 뭔데요?
부모	성준이가 아직 어리니까 우선 이런 말이 있다고만 알아 두고, 나중에 좀 더 크면 한자로 공부해 보자. 정약용 선생이 쓴 목민심서를 보면 삼족(三族)은 위로는 할아버지, 큰아버지, 작은아버지 등의 조족(祖族), 내 옆으로의 형제와 그 형제들의 자녀들인 조카를 포함한 부족(父族), 그리고 아래로 아들과 손자 등을 가리키는 기족(己族)이라고 되어 있어. 하지만 흔히들 아버지 가족인 부족, 어머니 가족인 모족, 아내의 가족인 처족을 전부 죽이는 거라고 오해하기도 하지. 그리고 목민심서에서 말하는 범위를 넘어서 사위나 어머니 가

족도 처벌하는 경우가 역사에서 많았단다. 이런 과잉 처벌을 연좌제(連坐制)라고 하지.

성준 너무 어려워요.

부모 그래, 올해는 이런 말이 있다는 정도만 알아 두면 돼. 하여간 정몽주가 정권을 잡거나 혹은 정도전이 이방원에게 죽지 않았다면 이방원이 정도전이나 다른 반대 세력에게 죽을 수도 있었을 것 같아.

성준 그럼 이방원은 나쁜 사람이 아니에요?

부모 책에는 자세히 나오지 않았을 수도 있는데, 태종 이방원이 잘한 일도 많이 있지. 예를 들어 왕권을 강화하고, 무엇보다 나중에 세종대왕이 정치를 안정적으로 할 수 있는 기틀을 만들었다고 말하는 사람도 있단다. 전에 〈용의 눈물〉이라는 조선의 건국을 다룬 역사 드라마가 있었는데, 거기서 태종이 세종에게 이런 말을 하는 것이 묘사되었단다. 아빠는 그 대사가 지금도 생생하게 기억나.

'피는 아비가 흘리고, 모든 죄는 내가 다 지겠어요. 용상(세종)은 성군이 되어야 해요.'

어떻게 보면 태종이 아들을 위해 욕먹고 비난받을 일을 다 감수한 것으로도 볼 수 있단다.

성준 그럼 이방원은 좋은 사람이네요?

역사적 인물을 어떻게 평가해야 할까?

부모   그래서 오늘 중요한 점 한 가지를 나눠 보려고 해. 우리가 역사나 지금 시대의 한 사람을 평가할 때 그 사람을 '좋다', '나쁘다'라는 딱 두 가지로 평가하기 어려운 점이 많아. 태종은 어떻게 보면 좋은 아버지였고, 왕권을 강화하고, 새로 건국한 나라의 기틀을 튼튼하게 만든 좋은 왕이었지만, 권력을 얻는 과정에서 많은 사람을 죽인 나쁜 사람일 수도 있지. 정몽주 가족이나 정도전 가족들, 그리고 태종에게 죽은 많은 왕족은 태종을 좋은 사람이라고 말할 수 없겠지. 성준이에게는 좀 어려운 개념일 수 있으니까 우선 지금 성준이 상황에서 한번 생각해 보자. 성준이는 주변에 나쁜 사람이 있니?

성준   음. 글쎄요. 잘 생각 안 나는데…. 1학년 때 담임 선생님이 나쁜 사람인 것 같아요?

부모   (당황하며) 으응? 1학년 때 선생님이? 왜?

성준   음, 아이들이 싸우면 여자 편만 들어서요.

부모   (공감하며) 아, 아이들이 서로 다투거나 할 때 선생님께서 남자 친구들 이야기를 잘 듣지 않고, 여자 친구들 이야기만 들어 주셨구나?

성준   네, 맨날 그랬어요.

부모   성준이는 친구들 사이에 다툼이 있을 때 선생님이 공정하게 해결해 주셨으면 하는 바람이 있는데 그게 잘 안 되었던 거구나. 그럼 선생님을 또 나쁘다고 말할 수 있는 다른 점이 있니?

성준   음, 없는 것 같아요.

부모	수업 시간에 수업 안 하시고, "너희들끼리 놀아라" 하신 적도 없지?
성준	네, 그런데 그 선생님은 남자 아이들만 혼내요.
부모	혹시 남자 아이들이 수업 시간에 가만히 있지 않고 막 돌아다니거나 수업을 방해하지 않았니?
성준	네, 가끔 그래요.
부모	혹시 싸움을 하거나 문제를 일으키는 아이들이 주로 남자 아이들이었니?
성준	네, 맞아요.
부모	그럼 우리가 성준이 1학년 때 담임 선생님에 대해서 다시 생각해 보면, 수업도 열심히 하시고 선생님으로서 할 일을 다 잘하셨는데, 남자 아이들이 떠들 때 좀 심하게 꾸중하시거나 아이들이 다툴 때 남자 아이들이 공평하지 않다고 느끼게 혼내신 적이 있구나.
성준	그런 것 같아요.
부모	그래, 여기서 탈무드적 원리를 적용해 보자. 탈무드에서는 한 사람을 평가할 때, 잘한 것은 잘한 것으로 평가하고, 못한 부분은 못한 것으로 분리해서 평가하라고 하거든. 특히 한 가지를 가지고 전체를 일반화해서 평가하지 말라는 부분이 있단다. 이게 무슨 뜻인지 알겠니?
성준	아빠, 어려운데요.
부모	1학년 때 담임 선생님을 예로 들면 수업을 성실히 하시고, 아이들을 잘 가르쳐 주신 부분은 칭찬하고 감사해야 하고, 아이들의 다툼을

공정하게 처리하지 못한 부분은 비판하고, 왜 그렇게 되었을까 생각해 보는 연습이 필요한 거지.

성준 　조금 알 것 같아요.

부모 　태종 이방원도 마찬가지란다. 자녀들을 잘 기르고, 나라를 안정적으로 운영한 것은 잘한 부분으로 칭찬하고, 많은 사람을 죽인 부분은 비판하고, 그렇게 하지 않기 위해서는 어떻게 할 수 있었을까를 생각해 보는 훈련이 필요한단다. 만약에 성준이가 태종이었다면 사람들을 많이 안 죽이고 왕이 되는 방법을 찾을 수 있었을까?

성준 　(웃으며) 헤헤, 그건 잘 모르겠는데요. 제가 왕이 아니라서….

부모 　그래, 오늘은 이 정도로 하고 나중에 3, 4학년이 되어서 좀 더 깊이 있는 생각을 할 수 있을 때 그 점도 같이 생각해 보자. 오늘도 이렇게 성준이와 우리 역사를 주제로 여러 이야기를 나눌 수 있어서 아빠는 너무 기쁘구나. 그리고 성준이 1학년 때 생활도 알 수 있어서 좋았고. 혹시 지금 학교생활에서도 힘든 게 있으면 이 역사 토론 시간이나 다른 시간에 언제든지 이야기하렴.

성준 　네, 알겠어요.

인물 평가와 인성 하브루타

역사적인 인물을 평가하면서 우리 삶 가운데 다른 사람에 대한 평가라는 문제도 같이 생각해 보았다. 선악의 이분법이 아닌 각각의 장단점을 정당하게 평가할 수 있는 방법은 무엇일까? 아이와 좋은 사람, 나쁜 사람 이야기를 하면서 아이의 학교생활이나 친구 이야기를 들어 볼 수 있고, 그 안에서 아이가 생각하는 공평과 정의의 기준을 엿볼 수 있다.

이번에도 아이가 이해하기 힘든 어려운 용어나 개념이 많이 나왔다. 하지만 큰 걱정은 없다. 우리가 실천하는 역사 교육은 원소스 교육이고, 매년 같은 시대사가 반복되기 때문에 아이가 이해할 수 있는 부분까지만 설명하면 된다. 더 깊은 내용은 내년, 내후년 같은 내용이 나올 때 더 깊이 이야기해 본다. 바로 이게 원소스 교육, 슬로우 리딩 교육의 장점이다.

마지막으로 오늘도 역사 이야기로 시작했지만 결국 왜 살고, 어떻게 살아야 하는가라는 인문학적 주제, 인성 교육으로 이어졌다. 이것이 바로 우리가 추구하는 '인성 하브루타'의 모습이다. 역사적 사실과 지식을 매개로 우리의 삶을 이야기하고, 좀 더 나은 삶은 살기 위해 무엇을 해야 할지에 대해 아이와 함께 이야기 나누는 것이다. 아이가 있기에 부모는 더 크게 자란다.

04 세종대왕은 어떻게 공감 능력을 길렀을까?

아이가 읽은 책 《한글을 만든 세종대왕》, 통큰세상, 2015

아이 지훈(가명), 초등학교 2학년 남아 (내향적이고 말수가 적은 편)

부모 예상 질문 아이는 우리에게 많이 알려지고 친숙한 세종대왕과 한글에 관한 책을 읽었다. 물어 볼 것이 많은 주제인데 아이는 내향적이고 말수가 적은 편이어서 묻는 말에만 대답하곤 한다. 어떻게 해야 아이가 편하게 마음속 이야기까지 하도록 이끌어 줄 수 있을까?

1. 세종대왕에 대해 얼마나 알고 있는가?

2. 왜 세종대왕에 대한 책을 선택했나?

3. 세종대왕은 왜 한글을 만들려고 했을까?

4. 한글과 한자는 어떻게 다를까?

5. 왜 세종대왕은 다른 왕들과 다르게 정치 이외에도 다양한 관심을 가지고 있었을까?

한자는 왜 어려울까?

부모 오늘은 조선 시대 인물사에 대해 이야기하기로 한 날이지. 지훈이는 세종대왕에 대해 읽었구나. 그럼 지훈이가 읽은 책에서 세종대왕은 왜 한글을 만드셨다고 하니?

지훈 백성들이 글자를 몰라서요.

부모 그럼 한글이 만들어지기 전에는 어떤 글자를 썼다고 하니?

지훈 한자요.

부모 아, 한자를 썼구나. 그럼 한자가 어렵니?

지훈 (당연하다는 듯이) 어렵지 않아요?

부모 사실 한자가 굉장히 많아서 어렵기는 하지만 쉬운 글자도 있단다.

지훈 어떤 거요?

부모 예를 들어 뫼 산(山)자 있잖아. 이 글자는 꼭 삼각형 모양의 산처럼 생기지 않았니? 해 일(日)자도 그렇잖아. 태양을 그대로 그려 놓은 것 같지 않니?

지훈 그런 것도 같아요.

부모 혹시 지훈이가 더 아는 한자가 있니?

지훈 (웃으며) 하나 일(一), 두 이 (二), 석 삼(三)이요.

부모	그래, 그런 간단한 한자도 있지. 지금 우리가 말한 한자는 상형문자라고 사물의 모양을 그대로 흉내 내서 만든 글자들이란다. 그래서 어떤 점에서는 쉬운 한자도 많이 있지.
지훈	그런데 한자는 왜 그렇게 많아요?
부모	글쎄 왜 그럴까? 한글은 28자로 모든 소리를 다 표시하고 의미를 전달할 수 있는데, 왜 한자는 어느 정도 의사소통이 되려면 수백 글자 이상을 알아야 할까?
지훈	왜요? 모르겠어요.
부모	그래, 이 부분은 나중에 다른 책이나 학교에서 더 배우는데, 한글은 소리를 그대로 표시하는 표음문자(表音文字)라고 하고, 한자는 소리가 아니라 뜻을 표시하는 표의문자(表意文字)라고 해. 이 부분을 설명하려면 많은 시간이 필요한데, 앞으로 지훈이가 좀 더 자라면 구체적으로 알아보도록 하자. 우선 지훈이는 한자 말고도 영어 단어 몇 개 아는 게 있지?
지훈	네.
부모	예를 들어 하나만 이야기해 줄래?
지훈	스쿨(school)이요.
부모	그래, 그 스쿨을 표시하는 영어 알파벳도 표음문자란다. 스쿨이나 school, 'ㅅ'이나 's'가 뜻을 나타내지 않고 소리를 나타내지 않니?
지훈	모르겠어요. 너무 어려워요
부모	그래, 오늘은 그 정도까지만 알아 두고, 내년에 세종대왕이나 독립

운동사, 조선어학회 같은 연관된 역사적 사건이 있을 때 다시 한 번 이 부분을 공부해 보자꾸나.

지훈   알겠어요.

세종대왕은 어떻게 백성들의 어려움을 공감했을까?

부모   세종대왕 자신은 공부를 많이 해서 한자를 많이 알고 있고, 한자로 글을 읽고 쓰는 데 어려움이 없었음에도 왜 한글을 만들었을까?

지훈   백성들이 한자를 모르니까요.

부모   글쎄 말이야, 사실 아빠가 주목하는 부분이 이것인데, 세종대왕은 본인이 겪은 어려움도 아닌데 왜 백성들의 불편과 어려움을 해결하기 위해 마음을 쓰고 많은 시간과 노력을 들여 우리글을 만들려고 했을까?

지훈   왜요?

부모   지난번에 정도전이라는 사람을 공부했던 것 기억하니?

지훈   네, 태조 이성계를 도와서 조선을 세운 사람이요.

부모   그래, 정도전을 공부하며 이런 이야기를 했었지. 정몽주는 정통 귀족 가문 출신이었기 때문에 왕조를 바꾸지 않고 개혁하려고 했지만, 정도전은 외가가 낮은 신분 출신이었고, 귀양살이하며 일반 백성들의 어려운 삶을 몸소 겪어 봤기 때문에 왕조를 바꿔서 새로운 나라를 이루려는 마음이 있었던 것 같다고.

지훈	그랬던 것 같아요.
부모	사람 마음이 그렇단다. 본인이 어렵고 불편함을 느껴 봐야 그것을 해결하려고 하지. 내가 어렵고 불편하지 않은 점을 좀 더 낫게 하려고 시도하는 건 쉽지 않거든.
지훈	그래요?
부모	예를 들어 지훈이는 학교생활하면서 불편한 것 없니?
지훈	음, 없는데요.
부모	그래? 그럼 집에서 지내면서 불편한 건 없니?
지훈	음, 없는데요.
부모	아, 그렇구나. 선생님이나 엄마, 아빠가 지훈이가 불편하지 않게 너무 잘해 주나 보다.
지훈	(갑자기 생각난 듯) 아, 집에서 동생이 내 장난감 가지고 가서 망가트릴 때요.
부모	그래, 그럼 그런 일이 생기지 않으려면 어떻게 해야 할까?
지훈	동생이 장난감 꺼내지 못하게 모르는 데다 잘 숨겨 놔요.
부모	그래, 좋은 생각이야. 봐라 지훈아, 사람은 이렇게 무언가 불편한 게 있어야 생각하고, 개선하려고 한단다. 개선이 무슨 뜻인지 아니?
지훈	몰라요.
부모	좀 더 나은 것으로 만드는 걸 개선(改善)이라고 한단다. 이것도 한자에서 온 말인데 고칠 개(改), 착한 선(善)자가 합쳐진 거지. 착하게 즉, 더 좋게 고친다는 뜻이야. 이렇게 사람은 보통 자신이 불편한

것만 고치기 마련인데, 세종대왕 같은 분은 자신이 불편하지 않은데도 다른 사람의 불편함까지 살피고 고쳐 주려고 한 거지. 무슨 뜻인지 알겠지?

지훈   네.

공감과 배려 능력을 기르려면 어떻게 해야 할까?

부모   아빠는 이런 모습을 '공감'과 '배려'라고 말하는데. 사람이 인격적으로 성장하기 위해서는 바로 이런 모습이 필요한 것 같아. 다른 사람의 아픔을 이해하고, 불편을 해소해 주기 위해 노력하는 모습이 바로 공감과 배려라고 할 수 있지. 배려라는 말은 어디서 많이 들어 보지 않았니?

지훈   우리 집 가훈이요. '배려와 섬김'!

부모   그래, 바로 그 배려란다. 진정한 배려를 위해서는 나의 유익이나 편함만이 아니라 다른 사람의 유익이나 불편함을 살펴보는 대단한 관찰력이 필요한 것 같아. 그리고 다른 사람의 어려움이나 불편을 내 어려움과 불편함으로 느끼는 능력이 필요한데 그걸 공감이라고도 할 수 있지. 그러고 보니 공감(共感)도 한자어네. 같을 공(共), 느낄 감(感). 같이 느낀다는 뜻이지.

지훈   그런데 세종대왕은 왕인데도 어떻게 공감하고 배려하는 사람이 되었어요?

부모   아빠도 그게 제일 궁금하단다. 지훈이가 생각하기에는 어떠니? 세종대왕은 어떻게 그렇게 백성들의 어려움을 공감하고 배려하는 훌륭한 왕이 될 수 있었을까?

지훈   (웃으며) 책을 많이 봐서요.

부모   그래, 그것도 중요한 이유 같아. 정도전은 책뿐만 아니라 본인이 직접 백성들의 어려움을 경험해서 공감 능력이 생겼다고 볼 수 있는데, 세종대왕은 어려서부터 왕자가 되어서 궁궐에만 있었기 때문에 백성들의 어려움을 직접 경험할 수는 없었을 거야. 하지만 책을 많이 보고, 신하들이 올리는 수많은 글을 보고 공감 능력을 기를 수 있었던 것 같아. 그럼 앞으로 지훈이가 공감 능력과 배려심을 기르기 위해서는 무엇을 해야 할 것 같니?

지훈   책을 많이 봐야 해요.

부모   그래, 그것도 한 가지 방법인데 사실 아빠는 아까 지훈이가 학교에서도 집에서도 불편한 점이 없다고 해서 약간 놀랐단다. 지훈이가 깊게 생각하지 않고 말해서 그럴 수도 있지만, 엄마 아빠가 지훈이를 너무 편하게만 키우고 있는 건 아닐까 하는 생각이 들어서.

지훈   왜요?

부모   사실 사람이 책을 통해 공감 능력을 기르고 인격적으로 성장할 수도 있지만, 제일 중요한 것은 실제 사람들과 부딪혀 보고, 삶 속에서 어려움을 극복해 봐야 더 크게 성장할 수 있거든. 나중에 지훈이가 좀 더 크면 꼭 같이 읽어 보고 싶은 책이 있단다. 바로 서울대에 지원하는 학생 세 명 중 한 명이 자신에게 영향을 미친 책으로 꼽는다는 장 지글러의《왜 세계의 절반은 굶주리는가?》라는 책이야.

지훈   왜 사람들이 굶어요? 밥 먹으면 되잖아요?

부모   글쎄 말이다. 아빠가 말하고 싶은 게 바로 그 점이야. 우리나라와 대부분의 선진국 어린이들은 굶지 않고 밥을 먹거나, 밥이 없으면 빵이나 라면을 먹으면 된다고 생각하지. 반면 아프리카 사람들은 게으르고 무식해서 굶어 죽는다고 생각하고. 그런데 사실 세상이 그렇게 간단하지 않단다. 아침부터 밤까지 열심히 일해도 자기 자식들을 제대로 먹일 수 없는 부모들이 세상에 너무 많단다.

지훈   그래요?

부모   멀리 갈 것도 없이 우리나라가 일본 식민지 시절에 그랬고, 6.25 전쟁 이후 할아버지 세대도 그랬지. 열심히 농사지어도 일본 사람들이 전쟁한다고 다 뺏어 가고, 6.25 전쟁 통에 수많은 아이들이 굶주리고 고아가 되었지. 아빠는 고생을 해 봐야 문제의식이 생기고, 문제의식이 있어야 생각을 깊이 할 수 있고, 생각을 깊이 해야 자신도 가정도 사회도 성장할 수 있다고 생각한단다. 아빠는 지훈이가 좀 더 그런 경험을 했으면 하는데 지금 과연 지훈이를 그렇게 키우고 있는지 다시 한 번 돌아보게 되는구나.

지훈   그럼 어떻게 해야 하는데요?

부모   글쎄, 방법을 한번 찾아보자. 나중에 시간되면 가려고 했는데 아무래도 조만간 아빠가 아는 봉사 활동 단체나 고생을 체험할 수 있는 교육을 통해 가족들이 함께할 수 있는 방법을 찾아봐야겠다.

지훈   꼭 고생을 해야 해요?

부모   아빠는 그럴 필요가 있을 것 같은데, (웃으며) 우선 아빠와 한번 가
보고, 정말 이런 부분이 우리 가정에 필요한지 거기서 더 이야기해
보자꾸나.

지훈   네, 알겠어요.

1. 내향적이고 말수가 적은 아이

내향적이고 말수가 적은 아이와 하브루타나 토론식 교육을 하기 힘든 경우가 많다. 대부분 질문을 해도 단답형으로 대답하기 일쑤이고, 의욕이나 문제의식이 없어 보인다. 이럴 때일수록 조급하게 말을 많이 시킨다든지, '야! 좀 더 길게, 체계적으로 이야기해 봐'라고 다그칠 필요는 없다. '원소스 교육'이라는 우리 교육 취지대로 오늘 하루 하고 끝낼 것이 아니다. 다음 주도 있고, 내년도 있다. 천천히 아이의 말문이 열릴 때까지 기다릴 필요가 있다.

말을 잘 못하거나 말하기 싫어하는 아이라면 그림을 그리게 하거나 이런 역사적 상황이나 인물을 봤을 때 생각나는 노래가 무엇인지 물어서 노래로 표현하게 해도 좋다. 더 중요한 것은 토론을 하는 원래 목적이다. 우리가 역사 하브루타를 하는 이유는 역사 공부를 하며 왜 살고, 어떻게 살아야 할지를 생각해 보는 것이다. 그 과정에서 아이에게 역사적 지식을 주입하려는 게 아니라, 아이와 함께 나의 삶을 돌아보고 반성하는 시간을 갖는 의미도 있다. 아이가 말수가 적고 듣기만 하는 경우라면 부모가 말을 많이 해도 괜찮다. 그리고 어떤 의미에서는 부모가 공부한 내용이나 부모의 생각을 아이에게 전달할 시간을 갖는 것만으로도 의미가 있다. 부모가 말하지 않으면 아이들은 유튜브와 TV, 친구들에게 이야기를 듣고, 그들이 말하는 사상과 가치로 자기 생각을 채울 것이다.

2. 한자 공부 파생

탈무드식 통합 역사 교육은 역사에서 시작해서 한자, 영어, 수학 등 다른 학문과의 접점을 만들어 준다. 왜 해야 하는지 모르고 학교 커리큘럼에 있으니까 해야 하는 공부가 아닌, 아이의 호기심과 관심에서 시작하는 공부가 된다. 세종대왕은 한글을 왜 만들었을까? 한자는 왜 어려울까? 한자는 어렵기만 할까? 한자를 쉽게 배우기 위해서는 어떻게 해야 할까?라는 질문을 던지며 한자 공부를 왜 해야 하고, 한자를 알면 어떤 점이 좋은 지를 스스로 발견할 수 있다.

초등학생들이 많이 보는 책 중 하나로《마법 천자문》이 있다. 만화 형태로 한자 공부를 재미있게 푼 책이다. 초등 저학년의 경우 자연스럽게 이런 책을 소개하며 한자에 대한 관심을 갖게 할 수도 있다. 교육 현장에서는 한자 교육과 한글-한자 병용 문제로 논란이 많지만, 고등 학문으로 가기 위해 한자는 필수이다. 용어만 알아도 모든 학문의 반은 끝난다는 이야기가 있다. 영어만 해도 부정사, 동명사, 분사 등 수업 시간에 한자로 된 영문법 용어를 많이 쓰지만 그 의미와 개념을 제대로 풀어 주는 경우는 거의 없다. 수학은 어떤가? 자연수, 무리수, 실수, 인수분해, 모두 한자어다. 이런 용어의 의미나 개념을 언제 한 번 제대로 공부한 적이 있는가?

다행히 역사를 공부하다 보면 많은 한자와 만날 수밖에 없다. 역사를 공부하며 한자와 한글 어휘력도 같이 공부할 수 있는 지혜로운 방법을 찾을 필요가 있다.

05 유일한 박사처럼 살 수 없을까?

아이가 읽은 책 《빈손으로 떠난 위대한 기업가 유일한》, 한국헤밍웨이, 2014

아이 하윤(가명), 초등학교 1학년 여아

부모 예상 질문 아이가 올바른 기업인의 모델이자, 노블레스 오블리주(Noblesse oblige)의 대명사라고 할 수 있는 유일한 박사님에 관한 책을 읽었다. 바람직한 자본주의, 진정한 성공의 의미, 나눔의 의미를 나눌 수 있다.

1. 유일한 박사님은 미국에서 성공해서 혼자 잘살 수 있었는데도, 한국에 와서 양심적으로 기업을 운영하고, 고생해서 이룬 부를 자식에게 주기보다 사회에 환원했다. 어떻게 이런 삶을 살 수 있었을까?

2. 유일한 박사님 말고 다른 기업가들은 어떻게 살았고, 그들의 성공에 대한 사람들의 시각이나 평가는 어떠한가?

3. 자본주의 사회에 살면서 돈에 대해 어떤 인식과 태도를 가져야 할까?

4. 진정한 성공이란 무엇일까?

5. 자수성가하려면 어떻게 해야 할까?

유일한 박사는 어떤 사업을 했나?

부모   오늘은 한국 현대 인물사를 공부하는 날인데, 하윤이가 읽은 책은
뭐니?

하윤   《빈손으로 떠난 위대한 기업가 유일한》이요.

부모   와, 유일한 박사님 이야기구나, 아빠도 너무 존경하는 분인데, 유일
한 박사님은 어떤 일을 하셨니?

하윤   미국에서 사업해서 돈을 많이 벌었고요. 한국에서도 사업을 했어
요. 그리고 나중에 회사를 직원들에게 물려주고, 가족들에게는 거
의 아무것도 남기지 않았어요.

부모   그래, 정말 쉽지 않은 일을 하신 대단한 분이고, 이런 분이 우리 역
사 가운데 있다는 게 아빠는 너무 자랑스러워. 혹시 유일한 박사님
이 만든 회사가 어딘지 아니?

하윤   뭐였더라? (생각난 듯) 아! 유한양행이요.

부모   그래, 그럼 유한양행이 어떤 제품을 만드는 회사인지 아니?

하윤   약을 만드는 회사요.

부모   맞아, 약을 만드는 회사지. 그런데 왜 유일한 박사님이 많은 사업 가

운데 제약 회사를 시작했을까?

하윤   아, 그런 이야기도 있었나?

부모   아빠가 알기로는 6.25 전쟁 이후 우리나라에 많은 질병이 생겼는데, 약이 너무 비싸서 제대로 치료받지 못하는 사람들이 많아서 제약 회사를 시작해야겠다고 결심하셨대.

하윤   아, 그랬구나.

부모   유한양행 말고 또 연관된 회사가 하나 더 있는데 혹시 아니?

하윤   모르겠는데요.

부모   혹시 하윤이는 휴지 많이 안 쓰나?

하윤   아, 전 별로 안 쓰는데요.

부모   흠, 그렇구나. 그럼 어렸을 때 하윤이가 무슨 기저귀 찼는지 아니?

하윤   (웃으며) 그것도 모르는데요.

부모   혹시 하기스 기저귀라고 들어 봤어? 유한양행과 킴벌리라고 하는 미국 회사가 합작해서 유한킴벌리라는 회사를 만들었는데 휴지, 기저귀 같은 제품을 만들고 있지. 휴지나 기저귀 모두 종이를 원료로 하는 제품이고 나무를 많이 사용해서, 이 회사에서는 오랫동안 '우리 강산 푸르게, 푸르게'라는 나무 심는 캠페인도 열심히 하고 있단다.

하윤   아, 그렇구나.

사업하는 게 쉬울까?

부모   유한양행이나 유한킴벌리는 윤리적인 회사 경영으로도 유명해. 경제 위기 때에도 해고를 최소화하고, 일자리를 나누는 방법으로 위기를 극복하는 등 우리가 배우고 공부해야 할 점이 많은 회사란다. 정말 이번 주제는 이야깃거리가 너무 많은데, 이런 기업 경영 부분은 하윤이가 좀 더 큰 다음에 같이 공부하고. 오늘은 우선 하윤이가 유일한 박사님의 삶을 보면서 어떤 생각이 들었는지 말해 줄래? 유일한 박사님의 어떤 점이 가장 훌륭한 것 같니?

하윤   사업을 한 거요.

부모   그래, 사업을 하셔서 많은 사람들의 일자리를 만들고, 우리나라 경제를 발전시키는 데 기여하셨지. 혹시 하윤이도 나중에 사업해 보고 싶니?

하윤   네.

부모   그럼 어떤 사업?

하윤   음, 아직 잘 몰라요.

부모   그럼 사업하는 게 쉬울까? 아니면 그냥 회사 다니거나 공무원이 되어서 큰 조직 속에서 일하는 게 쉬울까?

하윤   사업이요.

부모   응, 사업이 쉽다고?

하윤   (웃으며) 네, 헤헤….

부모   음, 정말 그럴까? 사실 아빠도 사업을 해 봤거든. 10년 정도 회사에 있다가 독립해서 1년 정도 사업자 등록을 내고 작은 연구소를 경영했는데 쉽지 않더라고.

하윤   왜요?

부모   자세히 말하면 조금 복잡한데 한 마디로 말하면, 회사에 다니면 저녁에 퇴근하고 집에 오면 회사 일을 잊어버릴 수가 있잖아. 그런데 자기 사업을 하면, 일을 마치고 집에 와도 회사 일을 잊어버릴 수가 없단다. 일거리가 줄면 어떻게 하나 걱정하고, 일이 늘면 또 사람을 더 뽑아야 할 게 걱정되고, 매달 직원들 월급 맞추는 것도 쉽지 않고. 회사가 작으면 세금 내는 것, 영업으로 일감을 얻어 오는 것, 직원들 뽑는 것 전부 사장인 내가 해야 하니까 신경 쓸 일이 한두 가지가 아니거든.

하윤   아, 그렇구나. 그럼 저는 사업 안 할래요.

부모   그래, 그래서 유일한 박사님이나 많은 사업가들이 대단하다는 거야. 일부 잘못된 사업가들이 직원들을 노예 부리듯 하고, 정당하지 못한 방법으로 기업을 운영하고 돈을 벌어서 사회적으로 문제되지만, 회사를 만들어 사람들을 고용하고, 좋은 상품과 서비스로 많은 사람에게 유익을 주는 것은 정말 훌륭한 일이고, 많은 사람이 도전해야 할 일이란다.

하윤   (해맑게 웃으며) 아, 그럼 저도 한번 해 볼게요.

자선의 8가지 단계

부모   그래, 아빠도 하윤이가 한 분야에서 실력을 쌓아서 궁극적으로는 좋은 회사를 만들고, 많은 일자리를 만들 수 있으면 가장 훌륭한 일을 하는 거라고 생각해. 혹시 아빠가 8가지 자선의 단계에 대해 이야기한 적 있니?

하윤   아니요.

부모   마이모니데스라는 중세 랍비가 말한 내용인데, 제일 낮은 단계의 선행이나 자선은 마지못해 하는 것(8단계)이라고 하고,

7단계는 요청받은 것보다 덜 도와주는 것,

6단계는 다른 사람들이 도와달라고 할 때 도와주는 것,

5단계는 도와달라고 말하기 전에 도와주는 것,

4단계는 받는 사람은 누가 주는지 알지만, 주는 사람은 누구에게 가는지 모르게 하는 것,

3단계는 주는 사람은 누가 받는지 알지만, 받는 사람은 누가 주는지 모르게 하는 것,

2단계는 도움을 주고받는 사람이 서로가 누구인지 모르고 주고받는 것,

마지막으로 자선의 가장 높은 1단계는 돈을 빌려주고 사업 파트너로 맞아 주거나, 일자리를 제공해서 스스로 독립할 수 있도록 도와주는 것이라고 해.

하윤   아, 너무 어려워요.

부모   그래, 자세한 내용은 하윤이가 좀 더 크면 다음에 다시 살펴보자. 각각의 단계를 왜 그렇게 설정했는지에 대해서도 깊이 생각해 보면 큰 깨달음을 얻을 수 있거든. 하여간 가장 큰 선행이나 자선은 그 사람이 계속 도움받는 사람의 자리에 머무르지 않고, 스스로 독립하고 일어서서 다른 사람을 돕는 사람으로 만드는 것이지. 그런 의미에서 능력 있고 양심적인 사업가는 최고의 선행과 자선을 베푸는 사람이라고 할 수 있단다.

하윤   저도 그런 사람이 되고 싶어요.

보수와 진보로부터 모두 존경받을 수 있는 인물

부모   그래, 아빠도 하윤이가 그런 사람이 될 수 있도록 최선을 다해서 도와주고 싶구나. 그런데 아빠의 도움은 도와달라고 말하기 전에 도와주는 것이니까 (웃으며) 5단계 선행 정도가 되겠네. 오늘은 이 정도로 정리하고, 다음 주나 혹시 내년에 다시 유일한 박사님에 대해 공부하게 되면 다른 주제도 좀 더 깊이 있게 나눠 봤으면 해.

하윤   그게 뭔데요?

부모   바로 진보와 보수의 이념적 차이와 관계없이 우리가 존경할 수 있는 롤 모델은 누구일까 하는 문제야.

하윤   그게 누구예요?

부모   바로 유일한 박사님 같은 분이지. 지난번 한국 현대사 시간에도 같이 공부했지만, 사실 우리나라는 이념적 문제로 같은 민족끼리 6.25 전쟁이라는 끔찍한 전쟁을 치렀고, 이후에도 극심한 이념적 갈등을 겪으면서 자본주의냐 사회주의냐의 문제로 남과 북, 그리고 남쪽에서도 보수와 진보로 나뉘어 거의 매일 싸우다시피 했단다. 그러다 보니 현대 인물을 바라볼 때도 한쪽에서는 칭송받지만 한쪽에서는 비난받는 사람들이 많았지. 그리고 양쪽 중간에 서고자 했던 많은 사람은 어려운 말로 회색분자, 쉽게 말하면 박쥐 같은 사람이라고 비난받았고. 그런데 유일한 박사님은 자본주의의 경쟁과 성장을 강조하는 보수적인 사람들과, 분배와 정의를 강조하는 진보적인 사람들 모두에게 칭찬받는 몇 안 되는 위인이란다. 앞으로 통일시대를 준비하면서 바로 이런 훌륭한 분들을 많이 발굴하고 공부해서, 서로의 차이를 줄여 나가는 노력이 필요할 것 같아.

하윤   아, 알겠어요.

유아, 초등 저학년과의 역사 공부

아직 나이가 어린 아이들과 깊이 있는 역사 공부를 하기는 쉽지 않다. 하지만 모든 내용을 한두 번의 토론과 공부로 다 이해시켜야 한다는 부담을 가질 필요는 없다. 우리가 하는 역사 토론은 한두 번 하고 끝내는 것이 아니고, 내년 혹은 내후년 그리고 평생을 같이 할 테마이기 때문이다. 우선 어려운 내용이라도 일단 들어 두게 하고, 아이가 성장하면서 몇 번을 반복하면 자연스럽게 배경지식이 된다. 이렇게 한두 번 들어 본 내용이나 배경지식을 갖고 학교 수업 시간에 관련 내용을 배우면 훨씬 집중해서 공부할 수 있다.

또한 아이가 어려서 스스로 질문을 만들고 이야기하기 힘든 시기일 경우, 부모는 자신이 가지고 있는 생각과 경험을 아이들에게 최대한 많이 들려주고 전수할 수 있는 좋은 기회이다. 역사적인 인물이나 사건에 대해 이야기하면서 부모의 생각과 경험을 들려주면 이후 아이와 공유할 수 있는 많은 이야깃거리를 만들 수 있다. 이런 공유된 이야깃거리는 자녀와 더 많은 소통을 할 수 있는 귀중한 밑거름이 된다. 반대로 이런 공유된 이야깃거리가 없으면, 그런 이야깃거리가 있는 친구들과만 소통할 수밖에 없다.

아이가 읽은 책 《그림으로 보는 한국사》, 계림북스, 2013

아이 유진(가명), 초등학교 3학년 여아 (당당하고 적극적인 성격)

부모 예상 질문 삼국 시대를 공부하며 아이가 평강 공주 이야기에 관심을 보였다. 이번 기회에 딸아이의 결혼관이나 인생관을 물어보고, 부모가 생각하는 결혼과 인생에 대한 이야기도 자연스럽게 나눌 수 있다.

1. 평강 공주와 바보 온달 이야기를 선택한 이유는 무엇인가?

2. 삼국 시대나 다른 시대 역사 이야기 가운데, 결혼이나 부부 간 관계에 대한 이야기는 무엇이 있을까?

3. OO(이)는 결혼을 하고 싶니?

4. 배우자를 고를 때 가장 중요한 기준은 무엇인가?

결혼과 관련된 삼국 시대 이야기는?

부모   오늘은 삼국 시대 시대사인데 유진이는 어떤 책을 보았니?

유진   《그림으로 보는 한국사》1편이요.

부모   그래, 읽은 내용 중에서 어떤 부분이 가장 기억에 남니?

유진   바보 온달과 평강 공주 이야기요.

부모   어떤 이야기이지?

유진   고구려의 평강 공주가 어릴 때 많이 울어서, 평원왕이 자꾸 울면 나중에 바보 온달에게 시집보낸다고 했는데, 정말 커서 바보 온달과 결혼한다고 했대요. 왕의 반대에도 불구하고 결국 온달과 결혼하고, 온달을 장군으로 만들었어요. 온달은 이후에 한강 유역을 되찾기 위해 신라군을 공격했어요. 그런데 결국 신라군에게 패해서 죽었는데, 장사를 지내려고 할 때 억울해서 그런지 관이 안 움직였어요. 평강 공주가 와서 관을 어루만지며 이제 돌아가자고 하니 관이 움직여 장사를 지낼 수 있었대요.

부모   그래, 정말 이 이야기는 삼국 시대 전설 중에서도 아주 흥미로운 주제를 담고 있는 것 같아.

유진   그게 뭔데요?

부모	바로 결혼이지. 혹시 결혼이나 부부 관계에 대한 다른 설화나 역사적 사건 기억나는 게 있니?
유진	음, 전에 다른 이야기도 있었던 것 같은데요…. 아, 맞다. 호동 왕자와 선화 공주인가요?
부모	맞아. 그런데 설화나 전설이 약간 비슷한 스토리텔링 구조를 가지고 있어서 내용이 비슷해지거나 나중에는 약간 혼동되기도 하는데, 호동 왕자는 낭랑 공주와 짝이고, 선화 공주는 나중에 백제 무왕이 되었다고 하는 서동(맛동)과 짝 아니니?
유진	아 맞다! 그리고 연오랑 세오녀는 뭐였죠?
부모	삼국유사에 나오는 신라 시대 부부였던 것 같은데. 연오랑이 바위를 타고 일본에 가서 왕이 되고, 이후에 세오녀도 일본으로 가게 되니까 신라의 해와 달이 없어졌지. 신라 조정에서 이들에게 돌아와 달라고 하니, 연오랑 세오녀가 대신 비단을 줘서 이 비단으로 제사를 지내니 다시 해와 달이 돌아왔다는 설화 아니었나? 그리고 '랑'이나 '녀'는 성별을 나타내려고 표시한 거고, 원래는 연오, 세오라고 하는 게 맞다는 내용도 있었지.
유진	아! 그런 것 같아요.
부모	사실 역사를 공부하다 보면 비슷하고 혼동되는 사건이 많이 나와. 그때마다 다시 찾아보고, 분명히 하는 작업이 필요해. 그렇게 해야 제대로 공부가 되고, 그 지식이 진짜 내 것이 되지. 아빠는 어릴 때 이런 식으로 공부했거든. 새로운 것을 배울 때 이전에 배웠던 부분

과 혼동되면 다시 찾아보고, 둘이 무엇이 같고 무엇이 다른지 비교
해 보는 식으로 말이야.

유진   맞아요. 그렇게 자연스럽게 복습하면서 제대로 기억하게 되는 것
같아요.

부모   호동 왕자나 선화 공주 이야기는 연애와 결혼 이야기 같으면서도,
호동 왕자는 결국 나라를 위해 낙랑 공주를 이용한 거고, 서동은 이
상한 소문을 퍼뜨려 선화 공주를 곤란하게 해서 결혼한 거고. 약간
분위기가 좀 그런 것 같지 않니?

유진   네, 좀 그래요.

부모   하지만 평강 공주와 바보 온달은 평강 공주의 결단과 온달의 성공,
안타까운 최후 등 이야기가 훨씬 감동적이고 생각할 점이 많은 것
같아.

유진   네, 맞아요. 그런 것 같아요.

결혼에 대한 생각

부모   그런데 혹시 유진이는 나중에 결혼할 생각이 있니?

유진   음, 글쎄요. 해도 되고 안 해도 되는데 아무래도 할 것 같은데요.

부모   그래? 그럼 결혼하면 뭐가 좋을 것 같아?

유진   음, 글쎄요. (웃으며) 별로 좋을 게 없는 것 같은데요.

부모   그래? 혹시 엄마, 아빠를 보면 결혼하고 싶은 생각이 안 드니?

유진	음, 글쎄요. 솔직하게 말해도 되나요?
부모	그럼.
유진	솔직히 별로 좋겠다는 생각은 안 드는데요.
부모	(당황하며) 아… 그렇구나. (웃으며) 엄마, 아빠가 좀 더 노력해서 결혼 생활의 좋은 부분을 보여 줘야겠구나.
유진	아니, 엄마, 아빠가 꼭 잘못해서 그런 건 아니고요. TV를 보면 맨날 싸우는 부부가 많은 것 같아서요. (웃으며) 가끔 엄마, 아빠처럼 사는 게 결혼 생활이라면 괜찮겠다고 생각해요.

결혼하면 무엇이 제일 힘들까?

부모	그럼 결혼하면 뭐가 제일 힘들 것 같아?
유진	아이 낳아서 기르는 거요.
부모	그래, 아이 낳아서 기르는 게 쉽지는 않은데, 엄마, 아빠는 유진이나 오빠 키우면서 힘든 게 1이라면, 좋은 게 8~9는 되었던 것 같은데. 사실 아기는 한 가정의 생명의 원천이라고도 하는데, 아기 없이 어른들만 있으면 점점 웃을 일이 없어진다고 해. 그리고 심각해지지.
유진	(웃으며) 우리 집도 점점 심각해지는데 아이가 없어서 그런가요?
부모	그럴 수도 있지. 요즘에는 심각하고 진지한 사람들을 '진지충'이라고 한다던데, 유진이 학교에서도 아이들이 그런 말을 많이 쓰니?
유진	네, 어떤 아이들은 그런 말 하는 것 같아요.

부모	'행복한 가정은 유치하고, 불행한 가정은 진지하고 심각하다'는 이야기를 들은 적 있는데 정말 그런 것 같아. 아이가 있으면 힘들어도 웃게 되고, 부모도 좀 더 열심히 살고자 하는 마음이 생기지.
유진	그럼 저도 결혼해서 아이를 낳아 볼게요.

어떤 사람과 결혼하고 싶은가?

부모	와, 잘 되었다. 가뜩이나 지금 저출산이어서 우리나라 미래가 없다고 하는데, (엄지를 들며) 큰 결심한 거야. 그러면 유진이는 어떤 사람 하고 결혼했으면 좋겠어?
유진	음, 글쎄요.
부모	우선 얼굴은 잘생기지 않아도 되니?
유진	네, 전 얼굴은 안 봐요.
부모	와, 대단하다. 얼굴을 안 보면 수많은 가능성이 생긴다고 하거든. 그럼 키는? 키도 안 봐?
유진	키도 상관없는데 그래도 남자면 170cm는 넘어야 할 것 같아요.
부모	음, 그러면 사실 키는 조금 보는 건데, 요즘 다들 발육이 좋아서 170cm는 넘는 것 같으니까 역시 가능성이 많고. 그럼 돈은? 돈을 별로 안 벌어도 되니?
유진	음, 돈도 어느 정도 벌어서 먹고사는 걱정은 없어야 해요.
부모	그럼 어느 정도가 최소한인데?

유진	한 달에 500만 원은 벌어야 하지 않아요?
부모	음, 그러면 연봉은 약 6,000만 원 정도인데, 대학 졸업하고 그 정도 벌려면 지금은 어느 정도 전문직 이상은 되어야겠네.
유진	(쿨한 표정을 지으며) 그런데 저는 돈보다 인성이 더 중요해요.
부모	그래, 돈 많이 벌고 불행하게 사는 것보다, 돈은 적게 벌어도 만족하고 행복하게 사는 게 더 중요한 것 같아. 전에 아빠는 다른 분들과 독서 토론하면서 재미있는 이야기를 들은 적이 있어.
유진	뭔데요?
부모	같이 독서 토론하던 신문 기자 출신인 엄마가 소개한 책에 있던 내용인데, 스웨덴에서는 결혼의 조건으로 '나를 사랑하는가'만 본다고 하더라고. 사회 복지 제도가 잘 되어 있어서 교육이나 주거, 의료비 부담이 없으니까 상대가 돈이 얼마나 있나 보다 나를 사랑하느냐가 가장 큰 결혼 조건이라고 하더라고.
유진	그럼 우리나라는 사랑하지 않는데도 결혼해요?
부모	물론 우리나라에서도 사랑이 중요한데, 아빠 주위에도 사랑하는데 경제적인 조건이 맞지 않아서 결혼을 포기하는 경우도 있고, 사랑하지 않는데도 경제적인 조건 때문에 결혼하는 경우도 간혹 있는 것 같아.
유진	그럼 우리나라도 복지 제도를 더 만들면 되지 않아요?
부모	그런데 그게 쉬운 문제가 아니란다. 복지 제도를 더 만들려면 더 많은 세금을 걷어야 하거든. 사회 전체적으로 더 많이 세금 내고, 노후

나 교육을 위해 복지 부담은 서로 나누자는 '사회적 대합의'라는 것이 이뤄져야 하는데 이런 합의가 쉽지 않지.

유진 아, 그렇구나.

부모 이 부분 역시 '자본주의'와 '사회주의' 혹은 '제3의 길' 같은 주제가 나올 때 다시 한 번 이야기할 텐데, 유진이가 좀 더 크면 자세히 이야기 나눠 보자꾸나.

유진 네.

부모 (웃으며) 오늘은 평강 공주 이야기로 시작해서 유진이 결혼관까지 들어 볼 수 있었네. 앞으로도 자주 이런 이야기를 나누며 유진이 생각도 들어 보고, 엄마, 아빠 생각도 나누는 시간을 가지면 좋겠다.

유진 네, 알았어요.

1. 자연스러운 복습

인지 교육의 핵심은 암기와 계산이다. 계산은 많은 연습이 필요하고, 암기는 외워질 때까지 끊임없는 반복이 중요하다. 결국 복습이 핵심이다. 역사라는 같은 주제로 꾸준히 반복 학습을 하면, 복습을 잘할 수 있는 자연스러운 습관이 형성된다. 앞에서 본 것처럼 새로운 내용을 배우며 이전에 배웠던 내용을 돌아보고, 새로운 지식과 혼동되는 내용이 있으면 다시 정리하며 좀 더 체계적인 자기만의 지식을 만드는 작업을 할 수 있다. 유대인이 탈무드 교육이라는 지혜 교육에서 출발하지만, 아이비리그 합격이나 노벨상 같은 인지적인 성과도 많이 거두는 중요한 비결이 여기에 있다.

평강 공주와 바보 온달을 공부하며, 호동 왕자와 낭랑 공주, 서동과 선화 공주, 연오와 세오의 짝을 암기해서 답할 필요는 없다. 자연스럽게 이야기를 되짚어 보고 조사하며 이전 지식을 점검하다 보면 복습이 저절로 이뤄진다. 그러면서 서로의 이야기를 비교해 보고, 혼동되지 않기 위해 자기만의 암기법을 생각해 볼 수도 있다.

'평온', '호랑', '서선'으로 앞 자만 따서 외울 수도 있고, '평온한 호랑이가 서서히 다가온다.'라는 문장을 만들 수도 있다. 이렇게 자신만의 암기법과 공부법을 만드는 과정은 인지 공부를 잘하는 데 필수인 메타 인지 능력(자신의 생각에 대해 판단할 수 있는 능력)을 기르는 지름길이다. 아이와 함께 역사를 토론하며 지혜 교육과 인성 교육을 하려고 했는데, 인지 교육의 열매와 생각하는 힘이라는 뜻밖의 선물도 같이 따라온다.

---

2. 아이를 통해 나를 비춰 본다.

앞의 대화에서 보듯이 역사 토론을 하다 보면 자연스럽게 인생의 여러 가지를 이야기하며 엄마, 아빠의 삶을 돌아보는 기회가 된다. '과연 나는 결혼 생활을 잘하고 있는지?', '아이에게 올바른 부모의 모습을 보여 주고 있는지?'를 점검할 수 있다. 필자는 종종 '아이를 키우려고 하지 말고, 자기를 키우라'고 말한다. 아이는 나 자신을 키울 수 있는 좋은 거울이다. 아이라고 하는 거울에 나의 말, 생각, 행동이 그대로 드러나는 경우가 많다. 그런데 너무 바쁘고 분주하면 아이 속에 비추는 나의 모습을 제대로 보지 못할 때가 많다. 일주일에 한 번 이렇게 시간을 떼어 놓고 부모와 자녀가 편안한 상태에서 이런저런 이야기를 하고, 아이의 마음속 이야기를 들어 보면 아이 속에 비친 나의 모습을 좀 더 분명히 볼 수 있다.

---

3. 역사 토론을 통해 자연스럽게 인생관을 나눈다.

오랫동안 고3 입시 지도를 하면서 원서를 쓸 때마다 아이와 싸우며 사이가 틀어지는 부모를 볼 때가 많다. '왜 그동안 부모 말 안 듣고, 공부 안 했냐?' 라고 아이를 원망하는 분들, 아이가 가겠다는 대학, 하겠다는 전공이 마음에 안 들어서 싸우는 부모도 있다. 필자는 이런 분들께 지금 대학 원서 쓰는 것보다 더 중요한 앞으로의 인생을 고려하여, 지금 하나 양보하고 이후에 더 큰 것을 얻는 전략을 써 보라고 권한다.

"늦었다고 생각하지 마시고, 대입 원서를 쓰면서 아이와 좀 더 긴 이야기를 나누고 소통하는 기회를 가져 보세요. 아이가 대학만 가면 인생 끝나는 게 아니지 않습니까? 대학 가는 것보다 더 중요한 것은 어떤 직장에 들어가서 어떤 일을 하느냐이고, 직장이나 직업보다 더 중요한 것은 누구를 만나서 어떤 결혼 생활을 하느냐 아닌가요? 지금 결정 하나 잘못해서 대학을 좋은 데 못 가는 것은 이후에 수많은 방법으로 만회할 수 있습니다. 하지만 결혼 한 번 잘못하면 정말 돌이키기 힘들잖아요. 어떻게 보면 전략상 '이번에는 네 뜻대로 원서 쓰고, 직장도 네 마음대로 결정하지만 나중에 결혼할 때만은 꼭 엄마, 아빠 의견을 물어보고, 의논해 주렴' 하는 게 더 현명하지 않을까요?"

하지만 만약 어려서부터 아이와 탈무드식 토론이나 소통이 충분히 된 가정은 염려할 필요가 없다. 대화에서 본 것처럼 어릴 때부터 아이가 가지고 있는 결혼관이나 인생관이 어떤 것인지 자연스럽게 확인하며, 부모의 의견을 지속적으로 전달할 수 있다. 부모의 의견을 강요하는 게 아니냐는 강박 관념을 가질 수도 있지만, 어차피 아이는 부모에게 영향을 받지 않으면, TV와 인터넷, 친구들의 생각에 영향을 받게 된다. 선택은 아이의 몫이지만 아이가 부모와 함께 있는 동안 최대한 부모의 가치관을 전달하는 것은 부모의 몫이다.

초등 고학년, 중학생 아이들과의 역사 하브루타

다음은 초등 고학년 이상의 역사 하브루타 사례로 어려서부터 꾸준히 역사 토론을 해 온 아이들의 사고력과 표현력이 어느 정도까지 성장하는지를 볼 수 있다. 하지만 현실적으로 많은 가정에서는 어렸을 때 하브루타 토론을 하지 않다가, 초등 고학년 이나 중학생이 되어 시도하는 경우가 많다. 이 경우 아이에게 무리하게 토론을 강요 하기보다 역사를 주제로 이런저런 이야기를 나누고 소통한다는 느낌으로 가볍게 시 작하고, 부모의 이야기를 많이 하기보다 아이의 이야기를 많이 들어 주는 기회로 활 용하는 것이 현명하다.

07 흥선대원군은 왜 쇄국 정책을 펼쳤을까?

아이가 읽은 책 《다큐 동화로 만나는 한국 근현대사 2. 강화도 서양 함대와 흥선대원군》, 주니어김영사, 2012

아이 준호(가명), 초등학교 4학년 남아 (독서 토론에 오래 참석하고 매번 발표 내용을 미리 적어 오는 모범적인 학생)

부모 예상 질문 인지 능력이 좋고, 성실한 초등학교 4학년 남자아이와의 역사 토론이다. 모범생으로 어른들이 원하는 답을 잘 찾는 아이이지만 좀 더 창의적인 생각을 할 수 있도록 도와주고 싶다. 사고의 폭을 넓히고, 다양한 관점에서 생각하는 훈련을 하려면 어떤 질문을 해야 할까?

1. 흥선대원군의 쇄국 정책은 조선의 근대화 실패와 멸망과 어떤 관계가 있을까?

2. 당시 흥선대원군이 다른 선택을 했었다면 우리 역사는 어떻게 바뀌었을까?

3. 근대화에 실패한 우리나라와 중국과는 달리 일본은 어떻게 근대화에 성공할 수 있었을까?

4. 당시 국제 정세와 지금은 어떤 점이 같고, 어떤 점이 다를까? 우리는 지금 어떤 외교적 선택을 해야 할까?

5. 쇄국 정책이나 위정척사 운동을 보통 나쁘게 평가하는데, 좋은 점은 무엇일까?

흥선대원군의 업적과 잘못은 무엇이었을까?

부모　오늘 준호는 어떤 책을 읽었니? 오늘도 발표할 내용을 정리했니?

준호　네. 오늘은 개화기와 일제 강점기 시대사 주제에 맞춰《강화도 서양 함대와 흥선대원군》이라는 책을 읽었어요. 그리고 발표할 내용도 정리했어요.

부모　그래, 한번 발표해 보렴.

준호　흥선대원군은 조선 고종의 아버지로 세도 정치 하에서 온갖 수모를 잘 견디고, 이후 고종을 왕위에 올렸습니다. 고종이 왕위에 올랐을 당시 조선은 안동 김씨의 세도 정치로 어려움을 겪고 있었습니다. 그때 흥선대원군은 안동 김씨 세력을 몰아내고, 당파를 초월하여 인재를 뽑았습니다. 그리고 부패한 관리들을 몰아내고, 서원도 47개소만 남기고 철폐했습니다. 또 법률 제도를 확립해 나라의 기강을 세웠으며 양반에게도 세금을 거뒀습니다.

하지만 흥선대원군의 정책이 모두 성공을 거둔 것은 아니었습니다. 왕권 강화 정책으로 경복궁 중건을 추진하면서 당백전과 원납전을 무리하게 거두어 결국 백성의 삶을 어렵게 만들었습니다. 그리고 서양의 새로운 사상이 왕권을 약화시킬지도 모른다는 생각에 천주교를 박해하고, 새로운 문물을 받아들이는 것도 거부했습니다. 당시 국제 정세를 잘 파악하지 못하고, 쇄국 정책을 고집하여 우리나라가 근대화할 수 있는 기회를 놓쳤습니다. 이후 며느리인 명성황후에게 정권을 잃고, 다시 재집권할 기회를 노렸지만 실패로 돌아가고, 조선은 혼란스러운 상황에서 일본, 중국, 러시아, 서구 국가들의 간섭을 받게 되었습니다.

저는 조선 말기와 흥선대원군의 역사를 읽으며 흥선대원군이 쇄국 정책을 안 했으면 얼마나 좋았을까 생각했습니다. 흥선대원군이 당시 국제 정세를 잘 파악해서 적극적으로 개화 정책을 펴고, 서구 국가의 선진 문물을 받아들였다면 우리나라도 일본과 같은 근대화를 이루고, 일본의 식민지가 되는 비극을 피할 수 있지 않을까 생각하였습니다.

부모   와, 잘했어. 특히 마지막에 쇄국 정책에 대한 준호의 의견을 넣은 것은 너무 훌륭해. 사실 역사에서 '만약에'라는 가정은 없다고 하지만, 이번처럼 '만약에 이렇게 했더라면 어떻게 되었을까'라는 상상을 해 보는 것도 아주 의미 있다고 생각해. 역사는 반복된다고 하잖아. 과거의 잘못을 돌아보고, 그런 잘못을 반복하지 않기 위해서는 우리가 무엇을 해야 할지 생각해 볼 수 있고…. 지난번 삼국 시대 할 때도 고구려가 삼국을 통일했으면 어땠을까를 발표하면서 나라의 크기와 국력의 관계에 대해서도 공부했었지.

준호 네, 이번에도 이 책을 읽으면서 우리나라 역사에서 '정말 아쉬운 부분이 많구나'라는 생각을 다시 한 번 했어요.

흥선대원군이 쇄국 정책을 한 가장 큰 이유는 무엇이었을까?

부모 글쎄 말이다. 준호가 말한 대로 흥선대원군이 국제 정세를 잘 파악해서 좀 더 현명하게 대처했더라면 우리나라 역사가 어떻게 바뀌었을지 정말 궁금하구나. 그런데 준호는 왜 흥선대원군이 쇄국 정책을 펼쳤다고 생각하니?

준호 음… 우리나라의 전통을 지키려고요?

부모 그래, 서양 문물이 들어오면 우리 전통이 무너질 수도 있었겠지. 그런데 나는 좀 더 개인적인 이유가 있지 않을까 생각하는데 혹시 책에도 나오지 않니? 흥선대원군의 아버지가 누구였지?

준호 남연군인가요?

부모 그래, 남연군에게 무슨 일이 있었는지 혹시 아니?

준호 독일 상인 오페르트가 남연군 무덤을 도굴한 사건이요?

부모 그래, 이때의 사건을 정리해 보자. 연표가 여기 있는데 한번 볼까. 1863년에 고종이 즉위하고, 흥선대원군이 집권했지. 1866년에 제

너럴 셔먼호 사건(7월)과 병인양요(9월)가 일어났어. 1868년에 오페르트 도굴 사건이 일어나고, 1871년에 신미양요가 일어난 후 대원군은 전국에 척화비를 건립했지. 우선 1868년 오페르트 도굴 사건이 대원군으로 하여금 서양 오랑캐들은 상종을 못할 놈들이라는 확신을 심어 준 것 같아. 그런데 그보다 아빠가 더 주목하는 것은 병인양요와 신미양요에서의 어설픈 승리야.

준호   병인양요와 신미양요를 승리로 볼 수 있나요? 우리 병사들이 더 많이 죽고, 진지도 빼앗겼던 것 같은데요.

부모   그래, 그렇게 되었지. 하지만 결국 프랑스군이나 미군은 철수하고 이후 조선과 전쟁하지 않았지. 그리고 아무런 통상 조약도 맺지 않았단다. 이렇게 서양 군대가 물러간 것을 대원군이나 정부에서는 승리로 여기고 쇄국 정책을 더 강화했지.

준호   그래서 어설픈 승리라고 하신 거군요.

망하려면 제대로 망하라는 말은 왜 나왔을까?

부모   그래, 준호는 다음과 같은 질문에 어떻게 대답할래? 우리가 살면서 실패를 안 할 수가 없는데, 작게 실패하거나 작게 망하는 게 좋을까? 아니면 크게 실패하거나 크게 망하는 게 좋을까?

준호   작게 망하는 게 좋지 않나요?

부모   보통 그렇게 생각하고 망해도 피해를 최소화해야 한다고 보는데,

탈무드에는 좀 다른 이야기가 나온단다. 탈무드에서는 "한 명의 악인이 48명의 선지자가 하지 못한 일을 했다"(메길라 14a)라는 구절이 있어. 여러 가지 해석이 가능하지만 어설픈 경고를 48번 받는 것보다, 한 번 제대로 패배하고 망하는 게 더 큰 변화를 가져올 수 있다는 거지. 매도 먼저 맞는 게 낫다고 하잖아. 어차피 부딪혀야 할 시련과 고난이라면 먼저 경험해 보는 것도 한 방법이지.

준호   그런데 먼저 고생하는 것이 쇄국 정책 하고 어떤 관계가 있는지 잘 모르겠어요.

부모   그럼 이렇게 생각해 보자. 만약에 병인양요나 신미양요 때 프랑스나 미국과 대규모 전투가 벌어지고, 우리 정부에서 서양의 실체와 군사력을 제대로 경험했다면 이후 우리 역사는 어떻게 되었을까? 우리의 현실을 깨닫고 군사력을 강화하거나 서양 문물을 받아들이려는 노력을 좀 더 빨리 하지 않았을까?

준호   아, '망하려면 크게 망하라'는 게 그런 말이군요. 강화도 점령뿐만 아니라 서울이 점령당하고 전국에서 전쟁이 벌어졌다면, 우리나라도 좀 더 빨리 국제 정세를 파악할 수 있었겠다는 말씀이군요.

부모   그래, 이 이야기를 하니까 히딩크 감독이 생각나는구나. 준호도 히딩크 감독 알지?

준호   네, 2002년 월드컵에서 우리나라를 월드컵 4강에 올려놓은 감독이요.

부모   그래, 한때 히딩크 감독의 별명이 '오대빵'이었던 적이 있었어. 월드컵을 앞두고 축구를 잘하는 유럽 나라들과 친선 경기를 했는데, 번

번이 5 : 0으로 져서 붙었던 별명이지. 하지만 히딩크 감독은 약한 나라와의 친선 경기로 어설픈 자신감을 갖는 것보다, 강한 팀과 붙어서 우리 현실을 파악하고 좀 더 비상한 마음으로 월드컵을 대비하는 것이 더 중요하다고 생각했던 것 같아.

준호   그런데 너무 잘하는 팀만 붙으면 '나는 역시 안 되나 보다'라는 패배 감만 쌓이고 자신감이 없어지지 않나요?

부모   그래, 아주 좋은 지적이구나. 똑같은 상황이지만 받아들이는 사람에 따라 전혀 다른 결과를 가져오는 게 바로 우리 인생이고 세상살이 같아. 강한 팀과 붙어서 '더 열심히 해야겠다'고 생각하는 사람이 있을 수 있고, '나는 안 되나 보다'라고 자포자기하는 사람이 나올 수도 있지. 공부도 그런 것 같아. 어떤 사람들은 공부 잘하는 아이들이 많은 곳에 가면 자극이 되어 공부를 잘하게 된다고 생각하는데, 실제 명문 학군이나 공부 잘하는 아이들이 많은 곳에서는 '나는 안 되나 보다'라고 생각하고 아예 공부에 손을 놓는 경우도 많으니까.

준호   저는 약간 혼자 있으면 게을러지는 성격이어서 주변에 공부 잘하는 아이들이 많으면 더 열심히 할 것 같은데요.

부모   그래, 바로 그런 거야. 세상에는 어느 상황에서나 항상 옳은 하나의 정답이 있는 게 아닌 것 같아. 먼저 내가 어떤 사람인지 파악하고 주변이 어떤 상황인지를 파악해서, 나에게 가장 알맞은 나만의 답을 찾아가야 하지.

외교에서 제일 중요한 것은 무엇일까?

준호   그럼 쇄국 정책은 잘못된 것이 맞지요? 쇄국 정책 때문에 우리나라 근대화가 늦어지고, 결국 일본에게 나라를 빼앗기게 되었으니까요.

부모   글쎄, 그것도 그렇게 단순하게 말하기 쉽지 않단다. 일본의 경우 집권 세력인 에도 막부가 1854년 미국에 개항을 하고 통상 조약을 맺었는데, 정부의 통상 정책에 반대하던 세력들이 메이지 유신을 일으켜서 에도 막부를 몰아내고 정권을 잡았지. 어떻게 보면 이들은 개항에 반대하던 세력이었는데, 이후 다른 나라 상황을 살펴보기 위해 정권의 주요 인사들이 전 세계를 여행한 후 인식이 완전히 바뀌어서 서양 문물을 더욱 적극적으로 수용하고, 근대화에 총력을 기울이는 방향으로 역사가 진행되었지.

준호   그리고 20여년 후인 1875년에는 자기들이 당한 것처럼 똑같은 방법으로 운요호 사건을 일으켜서 우리나라를 개항시켰던 거군요.

부모   그래, 그래서 아빠는 종종 외교에서 제일 중요한 것은 당시 정세에 대한 탁월한 분석과 올바른 대응을 세우는 것보다 국내에서의 의견 통일이라고 생각해. 설령 대원군의 쇄국 정책이 잘못되었다 하더라도 끝까지 밀어붙여서 일본이 개항을 요구했을 때도 거부하고 싸웠더라면 어떻게 되었을까? 우리는 1875년에 일본과 대규모 전쟁을 하며, 우리나라의 실력을 뼈저리게 깨달을 수 있었을 것 같아. 그리고 앞으로 어떻게 해야 우리나라가 살아남을 수 있을지 더욱 진지하게 생각했을 것 같고. 또 이때 의병이나 각종 군사 행동이 있었더라면 1910년과 같이 총 한 번 제대로 쏴 보지 못하고 허망하게 나라를 빼앗기는 일이 없었을 수도 있지. 1875년이면 일본도 근대화를 완성한 시기가 아니었기 때문에, 전쟁 중에 우리뿐 아니라 일본도 다른 서양 제국에 식민지가 되거나 간섭받는 나라가 되었을 수도 있고.

준호 그래서 아빠가 작년인가 재작년인가, 개화기와 일제 강점기 할 때, 흥선대원군과 고종, 명성왕후 사이가 좋지 않았던 게 조선 멸망의 가장 큰 원인이라고 보셨던 거군요.

부모 그래, 그건 우리 집에서도 마찬가지인 것 같아. 아빠는 부부 간에 경제관과 자녀 교육관의 통일이 가장 중요하다고 생각하거든. 이 부분이 같지 않으면 매번 의견이 부딪히고 싸울 수밖에 없어. 탈무드에 나오는 이야기인데, '가정의 화목이 진리보다 중요하다.'라는 말이 있단다. 부부 간에 혹은 부모 자식 간에 의견 일치를 보는 것이 어떤 사안에 있어서 옳고 그름을 따지는 것보다 더 중요하다고도 할 수 있지. 토론을 할 수도 있지만 최종적으로는 집안에서 가장 큰 권위를 갖고, 가장 큰 책임을 져야 하는 가장의 의견을 따르는 게 중요하다고 봐. 그렇게 해야 망해도 같이 망하고, 살아도 같이 살아서 이후에 제대로 된 대안을 세울 수 있지.

준호 그럼 우선 결혼하기 전에 경제관과 자녀 교육관이 같은지 알아봐야 하는 것 아니에요?

부모 그래, 그 부분이 가장 중요하지. 아무쪼록 준호는 나중에 결혼할 때

너와 경제관과 자녀 교육관이 같은 사람을 만나서 행복한 결혼 생활을 했으면 한다.

준호   알았어요. 엄마, 아빠도 잘 도와주세요.

부모   물론이지. (웃으며) 그때 네가 얼마나 엄마, 아빠의 말을 신뢰하고 따라 주는가가 관건일 것 같아.

1. 꼼꼼하고 성실한 아이

준호는 매번 책도 성실하게 읽고, 공부한 내용을 요약 정리해서 발표하는 아주 모범적인 아이이다. 이런 경우 기록한 내용을 아무 노트에 하지 말고, 바인더 같은 곳에 일목요연하게 정리하여 자기만의 스토리를 꾸준히 쌓아 두면, 나중에 학생부 종합 전형이나 면접 대비 자료로 유용하게 활용할 수 있다. 그리고 다음 해에 같은 주제를 다시 공부할 때 발표했던 내용 중에 관심 있었던 주제를 좀 더 발전시켜 나갈 수 있다.

---

2. 부모의 생각을 너무 주입하는 것 아닌가?

하브루타와 질문 방식으로 토론하라고 하니, '아이가 주로 말을 해야 하고 부모는 계속 듣고만 있어야 하지 않나'라는 오해를 많이 한다. 하지만 유대인이 탈무드를 공부하고 토론하는 근본 목적은 아이의 이야기를 들어 주기보다, 종교적인 가치나 전통을 다음 세대에 전수하기 위함이다. 부모에서 자녀로의 전수가 주목적이고, 제대로 전수하기 위해 질문하고 답하는 토론 방법을 택한 것이다.

비슷한 맥락에서 우리가 역사 하브루타를 하는 근본적인 목적도 부모가 가진 사상과 가치를 역사라는 텍스트를 앞에 두고 아이에게 전수하는 것이다. 지금의 현대 교육 이론에서는 교사보다는 학습자 중심으로 모든 것을 맞춰야 하고, 절대 진리는 없고 모든 것이 옳을 수 있다는 상대주의적 가치관이 지배

적이다. 그런데 막상 우리 교육 현장에서는 교사나 강사에 의해 일방적으로 지식을 주입하는 양극단적인 모습이 공존한다.

가정 중심의 하브루타에서는 이 두 극단의 문제를 자연스럽게 해결할 수 있다. 부모가 생각하는 올바른 가치관과 신념을 자연스럽게 전달하되, 그 방법은 충분한 질문과 토론을 통해 하는 것이다. 아이에게 충분히 질문하고 자기 견해를 이야기할 시간을 주되, 부모도 자신의 소신과 생각을 명확히 정리해서 자녀에게 전달할 필요가 있다. 자신의 소신과 생각을 아이에게 설명하다 보면 본인의 논리 부족이나 잘못된 편견, 더 공부해야 할 내용이 자연스럽게 걸러진다. 이렇게 가능한 부모의 견해를 자연스럽게 아이에게 전달하고, 수용 여부는 아이에게 맡기는 것이 좋다.

08 을사오적을 어떻게 응징할까?

아이가 읽은 책 《이이화 선생님이 들려주는 만화 한국사 9. 일제 강점기와 광복》,

삼성출판사, 2017

아이 혁주(가명), 초등학교 5학년 남아 (외향적, 다혈질)

부모 예상 질문 약간 다혈질 성향의 초등 5학년 남자아이와의 독립운동기 시대사

공부이다. 일제 강점기의 의미와 친일파에 대한 평가와 더불어 이런 어려운

시기에 우리가 살았다면 나와 우리 가정은 어떤 선택을 했을지 이야기를 나

눠 본다.

1. 일본 사람들은 다 나쁜 사람들인가? 일본 제국주의자들과 평범한 일본 시

민들은 어떻게 구분할 수 있을까?

2. 을사오적은 구체적으로 어떤 일을 했기에 민족을 팔아먹은 매국노라고 하

는 것일까?

3. 이완용은 을사조약이나 한일합방 이전에 어떤 삶을 살았고, 이후에는 어떤 삶을 살았을까?

4. 내가 일제 강점기에 살았다면 나는 어떤 삶을 살았을까?

5. 다른 사람을 판단하기 전에 내가 그 사람의 입장이라면 나는 어떻게 했을지 생각해 보라는 말은 왜 나왔을까?

이토 히로부미는 우리 민족에게 어떤 짓을 한 걸까?

부모 오늘은 일제 강점기의 역사인데, 혁주는 어떤 책을 읽었니?

혁주 《이이화 선생님이 들려주는 만화 한국사, 일제 강점기와 광복》이요.

부모 그래, 제일 인상 깊었던 부분이 뭐였니?

혁주 작년에 일제 강점기 인물사 할 때도 읽었는데, 안중근 의사가 이토 히로부미를 죽인 거요.

부모 왜 그 부분이 인상 깊었는데?

혁주 저는 나쁜 놈들을 죽이는 부분이 제일 통쾌해요.

부모 아, 혁주는 정의로운 사람이 나쁜 사람들을 응징하는 이야기가 제일 맘에 드는구나.

혁주 (주먹을 불끈 쥐며) 네, 나쁜 놈들은 다 죽어야 해요!

부모 어 그래? 그럼 이토 히로부미는 왜 나쁜 놈이니?

혁주 우리나라를 빼앗고, 우리나라 사람을 다 죽였잖아요.

부모	그래? 우리나라를 빼앗은 것은 맞는데 이토 히로부미가 우리나라 사람을 어떻게 죽였니?
혁주	어, 그냥 총으로 쏴서 죽이고, 삼일 운동하는데 다 죽이고, 독립운동 한다고 다 죽이고 했잖아요.
부모	그래? 우선 삼일 운동은 몇 년에 일어났지?
혁주	1910년인가?
부모	책에서 다시 한 번 정확히 찾아볼까? 책 뒷부분에 연표 있지?
혁주	아! 맞다. 1919년이요.
부모	그럼 안중근 의사가 이토 히로부미를 사살한 해는 언제지?
혁주	1905년이요, 아니 잠깐만요. 1909년 10월 26일이요.
부모	그럼 1919년에 삼일 운동이 있었을 때, 이토 히로부미는 어디서 뭘 하고 있었니?
혁주	아, 맞다. 벌써 죽었나요?
부모	그래, 죽은 이토 히로부미가 어떻게 삼일 운동을 한 우리 조상들을 죽일 수 있을까?
혁주	그럼 이토 히로부미는 죽을 짓을 안 했어요?
부모	글쎄, 그게 죽을 짓인지 아닌지는 잘 모르겠지만 우리나라의 외교 권을 빼앗고, 우리나라를 일본의 식민지로 만드는 데 결정적인 역 할을 한 것은 분명해. 그럼 다음 시간까지 '과연 이토 히로부미는 죽 을 짓을 했는가?'라는 질문에 대한 답을 오늘 혁주가 읽은 책을 바 탕으로 다시 한 번 정리해서 이야기해 줄래?

| 혁주 | 네, 그럴게요. |

우리가 일제 강점기에 살았다면 우리는 어떤 선택을 했을까?

부모	그리고 아까 다른 친구들 발표할 때 나온 이야기인데, '만약 내가 일제 강점기에 살았더라면 나는 독립 운동을 했을까? 아니면 친일파가 되었을까?'라는 질문에 옆에 친구는 독립운동을 할 용기가 없었을 것 같다고 발표했잖아. 그럼 혁주는 일제 강점기에 살았더라면 어떻게 살았을 것 같아?
혁주	저는 독립운동 했을 거예요.
부모	아, 혁주는 독립운동을 했을 것 같구나. 구체적으로 어떤 일을 했을 것 같아?
혁주	을사오적을 다 죽여요.
부모	아… 또 다 죽여? 우리 혁주 앞에 나쁜 사람들은 목숨을 부지하기 힘들겠구나? 왜 다 죽여야 하지?
혁주	우리나라를 팔아먹었잖아요. 매국노! 매국노는 다 죽어야 해요.
부모	그런데 혁주는 무슨 근거와 권리로 그 사람들을 죽일 수 있지?
혁주	그냥 그런 것 없어도 나쁜 짓 한 사람들은 죽이면 안 되나요? 그리고 저는 독립운동가잖아요.
부모	독립운동을 한다고 해서 다 사람을 죽인 것은 아닌데…. 안창호 선생님도 독립운동을 했는데 누구를 죽였을까?

혁주	안창호 선생님은 안 죽였어요? 김구 선생님은 죽였잖아요. 윤봉길 의사도 죽었고.
부모	안창호 선생님은 일본 사람을 죽이는 일보다 우리 민족의 힘을 기르는 일에 더 관심을 가졌지. 안중근 의사, 윤봉길 의사도 무고한 사람을 죽인 것은 아니고 분명한 목적이 있었고, 거사를 한 후 도망치지 않고 당당히 고문과 재판을 받았어. 이 부분은 '의사'와 '테러리스트'는 어떻게 다른가라는 주제로 지난번에 이야기했었지. 하여간 우선 혁주는 을사오적이나 이토 히로부미처럼 무언가 나쁜 짓을 한 사람들은 확실히 응징해야 한다고 생각하는 것 같으니, 이쪽으로 더 이야기해 보자. 그럼 우선 을사오적이 누구지?
혁주	우선 이완용 하고요. 그리고 또 누구더라….

을사오적을 응징하려면 어떤 준비를 해야 할까?

부모	아, 혁주는 을사오적 이름도 모르는데 어떻게 이 사람들을 모두 응징할 수 있을까?
혁주	아, 잠깐만요. 어디에 있더라. 이완용 하고, 박제순, 이지용, 이근택, 권중현이요.
부모	그래, 그럼 누구부터 응징해야 하니?
혁주	이완용이요.
부모	이완용은 어디에 사니?

혁주	어, 어… 잘 모르겠는데요.
부모	집도 모르는데 어떻게 응징할 수 있지?
혁주	아! 우선 이완용이 자주 가는 곳을 알아 두었다가, 이완용이 나오면 그때 공격하면 되잖아요.
부모	그래? 그러면 어떻게 공격할 건데?
혁주	(때리는 시늉을 하며) 몽둥이로 그냥, 딱. 이렇게 팍.
부모	그런데 이완용 같은 친일파는 혁주 말고도 해치려는 사람들이 많아서 근처에 경호원들이 많지 않을까?
혁주	(총 쏘는 시늉을 하며) 그럼 안중근 의사처럼 총으로 팡팡.
부모	총 쏘면 역시 사람들이 모이고, 경찰이 달려올 텐데 바로 잡히지 않을까?
혁주	빨리 도망가면 되죠.
부모	그래, 그럼 잘 도망치고 나서 다음은 누구를 응징하니?
혁주	박제순이요.
부모	그럼 또 박제순이 잘 다니는 곳에 숨어 있다가 총을 쏘니?
혁주	네, 총 쏘고 도망치고.
부모	아빠 생각에는 이완용이 먼저 암살을 당하면 다른 을사오적들은 이제 다음은 내 차례구나 생각하고 더 조심해서 밖에 안 나가거나 경호를 강화할 것 같은데, 이 부분에 대한 대비책은 뭐가 있을까?
혁주	아, 정말 어렵네요. 그럼 친구들을 모아서 한 사람이 한 놈씩 맡아요.
부모	그래, 그런 철저한 계획이 있어야겠지. 사실 의거를 하고, 암살을 준

비하는 것도 결코 쉬운 일이 아니란다. 철저하게 준비해야 하고 또 계획대로 되지 않았을 때 다른 비상 계획도 있어야 하지. 이렇게 나름 정의를 구현하는 일도, 내 한 목숨 바쳐 나라를 위하는 일도 단순히 열정과 마음만 있다고 저절로 되는 건 아닌 것 같아.

혁주　　　네, 그런 것 같아요.

정의를 구현하는 데 있어 반드시 폭력을 써야 할까?

부모　　　사실 아빠는 이런 철저한 계획보다 혁주가 내내 잘못된 사람을 죽여야 한다고 말할 때마다 조금 염려가 되었단다. 정의로운 마음을 갖는 것은 좋지만 정의를 구현하는 방법이 반드시 폭력만 있는 건 아닌데, 왜 혁주는 자꾸 죽이거나 패 줘야 한다고 생각하는지 궁금하기도 하고.

혁주　　　(안심시키려는 듯) 아니, 그냥 말만 그렇게 하는 거예요.

부모　　　혹시 학교에서 친구들도 조금씩 때리니?

혁주　　　아니요. 전 될 수 있으면 안 때려요. 제가 덩치가 좀 있으니까 친구들이 저한테 까불지는 못하죠.

부모　　　남들이 나를 괴롭히거나 때리지 않는 것은 좋은 일인데, 내가 힘이 세다고 약한 아이를 때리는 것은 좋지 않아. 결국 일본이 우리나라를 침략하고 중국이나 다른 아시아 국가를 침략한 것도 마찬가지 아닐까? 자기 힘을 믿고 약한 나라를 침입하여 많은 사람을 죽였잖

아. 혁주는 그들의 죄악과 그런 일본의 침략에 동조한 우리나라 매
국노들을 처단하고 싶었던 거고.

혁주 　아, 그래도 저는 일본 사람들 같지는 않은데요.

부모 　물론 혁주가 일본 제국주의자나 매국노라는 건 아니고. 항상 인생
을 살면서 다른 사람의 악행을 비난하는 것과 동시에 내가 그 자리
에 있을 때 나는 과연 그러지 않았을까를 생각해 보는 것도 중요한
것 같아. 다음에 왜 혁주가 이렇게 과격한 방법을 좋아할까에 대해
좀 더 자세히 이야기해 봤으면 좋겠구나.

혁주 　알았어요.

1. 정의와 폭력

혁주는 생각보다 행동이 먼저 나가는 유형의 아이이다. 기질과 성향이 어떤 것이 좋고 어떤 것이 나쁘다고 말할 수는 없다. 다른 것이지 틀린 것은 아니기 때문이다. 그런데 앞에서 본 대로 혁주의 약간 과격한 언행이 어른 입장에서는 불편하게 다가올 수 있다. 소통과 하브루타에서는 아이의 이런 경솔하거나 과격한 표현을 꾸짖고 훈계하기보다 왜 아이가 그런 생각을 하고, 거친 표현을 하는지에 대해 좀 더 깊이 있는 대화를 할 필요가 있다.

아이들의 과격한 표현이나 혹은 구체적인 폭력은 한 아이만의 문제가 아닐 수 있다. 폭력적인 게임이나 미디어 영상물에 노출이 많은 요즘 아이들의 공통된 문제이기도 하다. 많은 부모들이 명문 학군에는 학교 폭력이나 집단 괴롭힘이 없을 것 같다고 생각하지만 정도의 차이는 있어도 우리나라 대부분의 학교에서 이런 문제가 있다.

하브루타를 한다고 이런 언어나 물리적인 폭력을 바로 없앨 수 있는 것은 아니다. 하지만 최소한 가정에서 아이의 성향이나 지금의 마음 상태를 자연스럽게 읽을 수는 있다. 뜬금없이 "야, 너 학교에서 다른 아이들 때리니?" 혹은 "학교에서 맞거나 놀림 당하니?"라고 물으면 마음을 열고 솔직히 이야기할 아이는 그리 많지 않다. 하지만 자연스럽게 역사 이야기나 역사 속 인물 이야기를 하며 혹시 이런 일이 학교에서 있는지 넌지시 물어볼 수 있고, 아이도 자연스럽게 자기 속마음을 이야기할 수 있다.

폭력이 없을 수는 없다. 하지만 폭력을 줄이고 가능한 평화로운 방법으로 문제를 해결하려는 노력을 멈춰서는 안 된다.

2. 이분법적 사고

역사 토론을 하다 보면 아이들이 쉽게 좋고, 나쁜 이분법적 사고를 하는 모습을 볼 수 있다. 어떻게 보면 어른도 마찬가지이다. 깊이 있는 역사 토론의 또 다른 유익은 사람의 삶이 그렇게 쉽게 흑백으로 나눠지지 않는다는 실체적 진실에 다가설 수 있다는 점이다. 항상 입장을 바꿔 생각해 보고, 좀 더 거시적인 관점에서 내가 처한 상황을 보는 훈련을 역사 토론을 통해 할 수 있다.

09 김구 선생님은 공부를 잘했을까?

아이가 읽은 책 《교과서에 나오는 위대한 인물, 백범 김구》, 삼성당, 2008

아이 승준(가명), 초등학교 6학년 남아 (내향적)

부모 예상 질문 승준이는 중학생이 되면 공부를 많이 해야 한다는 부담감이 있다. 김구 선생님의 인생을 함께 돌아보며 우리는 왜 공부해야 하고, 진짜 공부란 무엇인지에 대해 이야기해 보자. 앞으로 중·고등 6년, 대학까지 승준이의 참 공부에 대해 생각을 나누고 싶다.

1. 김구 선생님의 삶을 통해 우리가 배울 수 있는 것은 무엇일까?

2. 김구 선생님은 학력이 높지는 않았지만 민족의 지도자가 되었다. 이처럼 학벌은 대단하지 않지만 우리 역사에 큰 영향을 미친 위인들은 누가 있을까?

3. 암기하고 문제지를 푸는 식의 수동적 공부 말고, OO(이)가 정말 배우고

싶은 주제는 무엇일까?

4. 공부는 왜 해야 할까?

5. 앞으로 중 · 고등 6년 그리고 대학과 사회생활에서 우리는 어떻게 공부해
야 할까?

김구 선생님의 어린 시절은 어땠나?

부모   오늘 승준이가 읽은 책은 뭐니?

승준   《백범 김구》요.

부모   그래, 책에서 어떤 부분이 가장 인상 깊었니?

승준   김구 선생님이 어렸을 때 개구쟁이였다는 부분이요.

부모   그래, 김구 선생님이 어렸을 때는 개구쟁이였다고?

승준   네, 책에서는 장난기 많은 아이였다고 해요. 그리고 어렸을 때 이름
이 창암이었대요.

부모   아, 그렇게 장난기 많은 어린아이가 어떻게 유명한 독립운동가가
되고, 민족을 대표하는 위인이 되었을까?

승준   공부를 많이 해서요.

부모   어, 공부를 많이 해서라고?

승준   네, 글공부를 좋아해서 어머니에게 글방을 보내 달라고 졸라서, 어
머니가 사랑방에 글방을 만들어 주었대요.

부모   아, 그 이야기는 나도 몰랐던 부분인데 그런 에피소드가 있었구나.

	그런데 공부를 많이 하면 위인이 될 수 있니?
승준	그렇지 않아요?
부모	그럴 수도 있는데 공부와 위인이 꼭 연관이 있는 건 아닌 것 같아서. 그럼 김구 선생님은 대학을 나왔니?
승준	대학 나왔다는 이야기는 없는 것 같은데요. 한문 공부해서 과거를 봤다는 이야기는 있었어요. 그런데 과거 시험장에서 다른 사람들이 커닝하는 것을 보고 더 이상 희망이 없다고 생각해서 과거를 포기했대요.
부모	그렇구나. 김구 선생님은 이후 동학 운동과 독립운동에 본격적으로 참여하면서 정식으로 학교에서 공부할 기회는 거의 없었던 것 같은데.
승준	그럼 공부 많이 해서 위인이 된 건 아니네요?

공부란 무엇일까?

부모	그렇다고 볼 수 있지 않을까? 한편으로 다르게 생각해 볼 수도 있을 것 같아. 승준이는 공부가 뭐라고 생각하니?
승준	학교나 학원에서 수업 듣고 문제지 푸는 거요.
부모	그래, 지금 대부분은 그걸 공부라고 생각하는데 사실 공부는 좀 더 넓은 개념일 수 있단다. 혹시 김태훈 씨라고 민사고와 서울대를 수석으로 졸업했다는 사람에 대해 들어 봤니?
승준	모르겠는데요.

부모 　그래, 그분이 전에 '꼴통쇼'라는 강연에서 하는 이야기를 들었는데, 그는 공부를 이렇게 정의하더구나. '공부는 새로운 것을 배우고, 배운 것을 익히는 것'이라고. 다른 말로 하면 학습이라고 하는데 한자로 이렇게 쓴단다. 學習, 앞의 글자가 '배울 학(學)'자이고, 뒤의 글자가 '익힐 습(習)'자이지. 익힐 습(習)자를 한번 봐봐. 위의 글자가 '날개 우(羽)'자이고 밑의 글자가 '흰 백(白)'자인데 '일 백(百)'자와 비슷해서 어떤 사람은 '날개 짓을 백 번 하듯이 반복하는 것을 익힌다'라고 하더구나. 그런데 원래 백자는 '날 일(日)'자였고, '날마다 날갯짓하다'라는 의미도 있었는데, 최종적으로 '흰 백(白)'자가 되었다고 하고.

승준 　너무 어려워요.

부모 　그래, 그럼 다시 김태훈 씨 이야기로 돌아가서 그분은 공부를 단순히 수업 듣는 것, 문제지 푸는 것 이상으로 보았다고 해. 예를 들어서 김연아 선수가 새로운 피겨 기술을 익히는 것도 공부고, 류현진 선수가 새로운 구종을 배워서 익히는 것도 공부라고 할 수 있지.

승준 　(신 나서) 아 맞다. 류현진 선수가 지난번에 무슨 구종을 커쇼 선수한테 배웠다고 했는데, 아빠 그게 뭐였죠? 써클 체인지업 말고.

부모 　글쎄 뭐였더라. 고속 슬라이더였나?

승준 　네, 고속 슬라이더였던 것 같아요. 류현진은 커쇼에게 고속 슬라이더를 배우고, 커쇼는 류현진에게 체인지업을 배웠다고 한 것 같은데.

아이가 하고 싶은 공부는 무엇일까?

부모   그래, 이런 게 모두 공부라고 할 수 있지. '새로 배워서 익히는 것'. 고속 슬라이더는 그립을 어떻게 잡고 어떻게 던져야 하는지 배우고, 익숙해질 때까지 계속 반복해야겠지. 바로 이게 공부가 되는 거지. 그런데 우리 승준이는 공부하는 거 좋아하니?

승준   아니요.

부모   그럼 승준이가 하기 싫은 공부는 뭐니?

승준   학교 숙제, 학원 숙제하는 거요. 특히 수학 숙제가 너무 많아요.

부모   그래, 그럼 숙제하고 문제지 푸는 게 하기 싫은 거구나. 지금 한참 이야기한 넓은 의미의 공부를 생각해 본다면, 이런 문제지 푸는 공부 말고 승준이가 진짜 하고 싶은 공부가 있을 것 같은데 승준이가 요즘 제일 배우고 싶고, 익히고 싶은 게 혹시 있니?

승준   네, 있어요.

부모   그래? 그게 뭔데?

승준   파이썬(Python) 코딩이라는 코딩 프로그램이요.

부모   그게 뭐하는 건데?

승준   컴퓨터 코딩하는 프로그램인데, 방과후 수업 때 해 보니까 굉장히 재밌었어요.

부모   그래? 아빠는 컴퓨터 프로그래밍은 거의 모르고 C 언어 C ++ 이런 이야기만 들어 봤는데, 승준이가 좀 더 배워서 아빠한테 설명해 주면 좋겠다.

승준	유튜브에 파이썬 코딩 가르쳐 주는 사람이 있는데 저도 거기서 좀 더 배웠어요.
부모	아, 요즘은 유튜브로 거의 모든 것을 배우는구나.
승준	그리고 파이썬으로 구글이나 인스타그램, 카카오도 만들어졌다고 하던대요.
부모	그래, 승준이가 파이썬에 관심이 많고 더 배우고 싶은 생각이 있구나. 그럼 파이썬 코딩을 더 배울 수 있는 곳을 알아봐서 좀 더 깊이 공부해 보는 건 어때?
승준	그러고 싶은데 엄마가 지금 다니고 있는 학원이나 열심히 다니라고 해서요.
부모	그래, 그 부분은 엄마 하고 이야기를 좀 나눠 봐야겠구나. 공부는 자기가 배우고 싶고, 하고 싶어서 할 때 제일 집중할 수 있거든.
승준	맞아요.
부모	그럼 오늘 이야기를 정리해 보자. 일제 강점기의 위인들은 어떤 '진짜 공부'를 했을까에 대해 좀 더 생각해 보면 재미있지 않을까? 역사 하브루타를 같이 하는 다른 친구들이 많이 발표한 안중근 의사, 윤봉길 의사, 도산 안창호 선생, 몽양 여운형 선생, 윤동주 시인 등은 어떻게 공부했고, 그분들에게 참 공부는 무엇이었을까를 생각해 봐도 좋을 것 같아. 그리고 다음 시간까지 승준이가 관심 있는 파이썬 코딩을 더 배울 수 있는 곳이 어디인지 알아봐서 아빠한테 한번 브리핑해 줄 수 있니?

승준　　　　네, 그럴게요. 그리고 엄마한테 잘 말해 주세요. 엄마는 제가 컴퓨터

　　　　　　앞에 앉아 있으면 게임한다고 싫어해요.

부모　　　　그래, 알았어.

1. 진짜 공부란 무엇일까?

요즘 우리 아이들에게 공부란 학습지 풀고, 학교, 학원 숙제하는 것이다. 개인적으로 아이들이 이렇게 공부의 극히 일부분만 알고 더 큰 공부를 하지 못하는 현실이 안타깝다. 아이들 각자가 하늘에서 부여받은 재능이 있고, 자기가 하고 싶고 좋아하는 게 있을 텐데 왜 모든 아이들이 국·영·수 문제지만 풀어야 하는 걸까? 아이가 불만 없이 학원 다니고, 숙제도 잘한다면 그 아이는 그런 교육이 맞고, 그 길로 쭉 가도 된다. 하지만 학습지가 밀리고, 학원에 가기 싫어한다면, 아이가 진짜 하고 싶은 것이 무엇인지 귀를 기울이고, 아이가 관심 있는 것부터 시작해서 새로운 것을 배우고 익히는 '진짜 공부'의 길을 열어 줄 수도 있다.

이번 역사 하브루타는 김구 선생님에서 시작했지만, 아이의 대답을 통해 아이의 공부 고민과 진짜 공부에 대한 생각으로까지 이어졌다. 역사 하브루타가 어떻게 아이의 삶 속에 깊은 고민을 건드려 주고, 새로운 길을 찾아 주는지 볼 수 있는 귀한 시간이었다.

---

2. 아이들의 진로를 부모가 다 알아봐야 할까?

일전에 게임에 관심이 많은 자녀를 둔 부모가 필자에게 고민 상담을 했다. 자신은 게임에 대해 아무것도 아는 게 없어서 어떻게 아이의 진로를 지도해야 할지 모르겠다는 내용이었다. 그때 필자는 이렇게 답변을 드렸다.

"왜 그걸 부모가 다 알아봐야 할까요? 아이가 관심 있는 분야가 있으면 직접 그것을 배울 수 있는 곳이 어디고, 어떻게 배워야 하는지 알아보게 하고, 그 이야기를 들은 후 부모가 해 줄 수 있는 부분을 찾아서 지원하면 되지 않을까요?"

재능의 영역에서는 부모가 모든 것을 다 해 줄 수도, 그럴 필요도 없다. 재능은 유전이 아니고, 각자가 하늘로부터 고유하게 부여받는 경우가 많다. 결국 진로는 자기가 스스로 찾아가는 것이다. 부모가 해야 할 일은 아이가 관심 있는 주제에 대해 모든 정보를 찾아서 아이에게 알려 주는 것이 아니다. 이런 역사 하브루타나 가족 식탁 대화를 통해 아이가 꾸준히 자기가 무엇에 관심이 있고, 무엇을 하고 싶은지 터놓고 이야기할 수 있는 소통의 자리를 마련하는 것이 중요하다. 또한 그 안에서 나온 이야기를 편견 없이 받아들이고, 범죄가 아닌 이상 열심히 하라고 격려하는 것이 부모가 진로 지도에서 해야 할 가장 큰 역할이다.

10 전태일 아저씨는 왜 불꽃 같은 삶을 살았을까?

아이가 읽은 책 《다큐 동화로 만나는 한국 근현대사 11. 청계천 노동자들과 전태일》, 주니어김영사, 2012

아이 혜정(가명), 초등학교 4학년 여아 (내향적)

부모 예상 질문 아이는 현대사의 아픈 순간 중 하나인 전태일 열사의 분신에 대한 책을 골랐다. 자본주의, 민주주의, 노동법, 인권이라는 어떻게 보면 무거운 주제를 다루며, 우리는 어떻게 살아야 할지를 아이와 함께 생각해 볼 수 있다.

1. 전태일 아저씨가 분신이라는 극단적인 선택을 한 이유는 무엇이었을까?

2. 전태일 아저씨는 노동자 가운데에서 어느 정도의 위치였고, 그의 선택과 희생은 어떤 의미를 가질까?

3. 전태일 아저씨의 분신이 우리 사회와 당시 지식인들에게 미친 영향은 무

역사 하브루타의 실제 **173**

엇일까?

4. 왜 자본주의 사회는 각박하고, 그 속에서 강자들은 더욱 강해지고, 약자들은 더욱 약해지며 그들의 삶이 비참해질까?

5. 본인도 어려운 상황에서 더 어려운 사람을 돕는 삶을 살 수 있는 원동력은 무엇일까?

전태일 아저씨는 어떤 일을 했을까?

부모   오늘은 한국 현대 인물사인데, 혜정이는 이번에 어떤 책을 읽었니?

혜정   《청계천 노동자들과 전태일》이라는 책이요.

부모   와, 전태일 아저씨 이야기구나. 너무 중요하고 가슴 아픈 이야기인데, 전태일 아저씨는 어떤 일을 했니?

혜정   노동자들의 권리를 위해 시위를 했어요.

부모   단순히 시위를 넘어서 아주 가슴 아픈 일이 있었는데 무엇인지 아니?

혜정   근로 기준법을 공부해서 법대로 해 달라고 했는데 높은 사람들이 들어주지 않았어요. 그래서 자기 몸에 휘발유를 뿌리고 불을 붙였어요. 그러고는 근로 기준법을 지켜달라고 말하며 돌아가셨어요.

부모   그래, 그런 행동을 분신(焚身)이라고 하는데, 몸에 불을 붙여 스스로 목숨을 끊는 것을 말하지.

혜정   너무 아팠을 것 같아요.

부모   글쎄 말이야. 우리는 뜨거운 것에 잠깐 손을 데어도 괴로운데 어떻게 그것을 견디고 자기 삶을 바칠 수 있었을까? 게다가 바로 돌아가신 것도 아니고 여기저기 병원을 옮기며 제대로 치료도 받지 못하고 돌아가셨다고 하더구나. 너무 안타깝고 가슴이 먹먹해진단다. 우리 현대사에는 이런 아픈 부분이 너무 많아. 어떤 분은 이렇게 말하더구나. 다른 많은 나라의 민주주의는 자유를 억압하는 사람들과 맞서 싸우면서 발전했는데, 우리나라는 억울한 사람들이 스스로를 희생함으로써 정의를 구현하고 민주주의를 발전시켰다고…. 혜정이도 잘 알다시피 지금 우리가 누리는 자유와 민주주의는 이런 많은 분들의 희생이 있었기에 가능한 것이란다. 이 주제도 나눌 이야기가 많은데 오늘은 우선 전태일 아저씨 이야기를 좀 더 하자꾸나. 전태일 아저씨는 어떤 일을 하시던 분이었니?

혜정　　　평화 시장에서 일하는 노동자였어요.

자기보다 힘든 노동자들을 돌봐 주고 싶었던 마음

부모　　　혹시 어떤 일을 했는지 아니?

혜정　　　뭐였더라? 아, 재단사요.

부모　　　재단이 뭐하는 건지 아니?

혜정　　　옷 자르는 거요?

부모　　　그래, 정확히 말하면 옷을 만들기 위해 옷감을 어떻게 자르라고 분필 같은 것으로 그리는 일을 하는 것인데, 재단사가 제대로 재단해야 옷을 만들 수 있지. 그럼 재단사는 혜정이가 말한 기준으로 하면 높은 사람이니 낮은 사람이니?

혜정   낮은 사람이요.

부모   그래, '높다, 낮다' 기준을 무엇으로 보느냐에 따라 다르겠지만 공장에서는 사장님이 높은 사람이고, 정부에서는 대통령이나 노동부 장관이 높은 사람이고, 전태일 아저씨가 찾아간 관청의 '근로 감독관'도 노동자들에게는 높은 사람이었겠지. 하여간 전태일 아저씨는 공장에서 높은 사람은 아니었던 것 같아. 그렇다고 아주 낮은 사람도 아니었고 그냥 중간 정도의 노동자였다고 할까? 그런 사람이 자기보다 상황이 좋지 못한 사람들을 불쌍히 여기고, 그들을 위해 무언가를 하려고 했다는 것이 놀라운 점이지. 그럼 전태일 아저씨가 불쌍히 여겼던 사람들은 누구였는지 아니?

혜정   공장에서 힘든 일 하는 사람들이요?

부모   그래, 전태일 아저씨가 불쌍하게 생각한 사람은 자신보다 낮은 이른바 '시다'라고 하는 재단 보조사들과 봉제 일을 하던 어린 여성 근로자들이었지. 하루에 16시간 가까이 일하고, 일요일도 쉬지 못하고, 기계처럼 일해야 하는 어린 동생들의 삶이 너무 안타까워서 근로 기준법을 공부하고, 이들의 노동 현실을 개선했으면 하는 바람을 갖게 되었지.

혜정   근데요, 전태일 아저씨처럼 분신하지 말고, 열심히 일해서 사장님이 되어서 자신의 공장은 근로 기준법을 잘 지키면 되지 않나요?

부모	아, 그래 정말 날카로운 질문이다. 이 간단해 보이는 질문에 정말 수많은 생각할 거리가 있단다. 사실 전태일 아저씨가 느낀 노동 현장의 비참함은 우리나라만의 문제는 아니었어. 산업 혁명이 시작되고 자본주의 경제 체제로 발전하면서, 농사지어 먹고사는 문제를 해결하기 힘든 사람들이 공장이 있는 도시로 몰려오면서 노동 현장에서 많은 문제가 일어났단다. 그중 가장 심각한 것이 '아동 노동'과 '비인간적인 대우'라고 할 수 있지. 혹시 찰스 디킨스의 소설 《올리버 트위스트(Oliver Twist)》를 읽어 봤니?
혜정	아뇨, 아직요.

나는 자본주의 사회에서 어떤 모습으로 살아가게 될까?

부모	어린이용 축약본도 많이 있으니 한번 읽어 보면 좋겠구나. 영화도 있는데 언제 다운받아서 같이 보자꾸나. 올리버라는 고아 아이가 런던에서 힘겨운 삶을 살아가는 모습이 그려지는데, 이는 자본주의 사회의 산업화 초창기에 아주 흔한 모습이었단다. 몇몇 사람들은 자본주의 사회의 비참한 도시 생활과 노동 현장의 비인간적인 삶을 보고, 이건 자본가의 탐욕과 자본주의의 모순 때문이라고 생각했지. 그래서 사회와 경제 체제를 바꿔서 이 문제를 해결하려고 한 사람들이 있어. 이야기가 점점 어려워지는데 이해되니?
혜정	자본주의, 공산주의 이야기에요?

부모	그래, 그렇다고 볼 수 있지. 사실 아빠가 학교 커리큘럼을 짠다면 초등학교 때부터 우리가 사는 자본주의 사회는 어떻고, 이 사회에서 노동자로 혹은 자본가로 산다는 것은 어떤 의미가 있고, 자본주의 사회의 여러 가지 원리들이 역사 속에서 어떻게 발전해 왔는지 함께 공부하는 시간을 가졌으면 하는데…. 전에 신문을 보니 초·중·고 1만 시간의 수업 중에, 노동과 인권에 대해 공부하는 시간은 5시간도 되지 않는다고 하더구나. 수업을 듣는 학생들의 90% 이상은 자본가보다 노동자로 살아갈 가능성이 더 높은데 말이다.
혜정	저도 노동자가 되요?
부모	글쎄, 앞으로 혜정이가 어떤 삶을 살지 모르지만 그럴 가능성이 더 많지. 지금 말한 대로 노동 운동과 인권 운동을 해서 잘못된 제도를 바꾸는 것도 한 가지 방법이고, 다른 한쪽에서는 더 많은 일자리를 만들고, 사람들의 소득을 높여서 자본주의의 한계를 극복해 보자는 시도가 있었다고 해. 혜정이가 말한 대로 전태일 아저씨도 재단사 일을 열심히 해서 돈을 벌어 나중에 회사를 차리고 더 좋은 회사를 만드는 길을 택했다면 두 번째로 말한 방법을 쓴 셈이라고 볼 수 있지. 하지만 그렇게 하는 것이 쉬운 일일까?
혜정	어려울 것 같아요.
부모	그래, 결코 쉽다고 할 수 없어. 능력 있고 양심 있는 경영자가 튼튼한 회사를 만들어서 인간적으로 일할 수 있는 회사로 운영하는 것이 가장 이상적인 모습인데, 그런 일을 제대로 한 분은 아빠 머릿속

에 한 명밖에 떠오르지 않는구나.

혜정 그분이 누구에요?

부모 바로 유한양행을 창립한 유일한 박사님이지.

혜정 사장님들이 욕심이 많아서 그래요?

부모 글쎄, 그 부분을 꼭 사장님들의 욕심 때문이라고 하기는 힘들지. 어떤 사장님들은 정말 자기 빚내서 직원들 월급 주고, 최선을 다해서 일하는데도 경기가 안 좋아 회사 문을 닫거나, 회사 운영할 때 진 빚으로 평생을 고생하며 살기도 한단다.

혜정 너무 어려워요.

부모 그래, 그렇게 어려운 게 세상이란다. 하지만 어렵다고 해서 피하려고만 하면 안 되고, 자기가 할 수 있는 부분을 찾으려는 노력을 해야겠지. 어쨌든 전태일 아저씨는 본인이 할 수 있는 일을 찾았고, 초등학교도 마치지 못한 학력이었지만 혼자 힘들게 근로 기준법을 공부해서 조금이라도 상황을 개선하고자 최선을 다했단다. 그리고 그런 노력이 결코 헛되지 않았지.

혜정 네, 저는 본인도 힘들게 일하고 높은 사람도 아니었는데도, 자기보다 더 힘든 여공들을 도와주려고 한 게 감동스러웠어요.

인간답게 살기 위해서는 무엇이 필요할까?

부모 그래, 그게 바로 사람의 본성이고 우리 안에 있는 좋은 마음이 밖으로 나온 것이란다. 좀 어려운 이야기이지만 맹자는 사람이라면 반드시 4가지 마음이 있어야 한다고 했어. 원어는 한문인데 한글로 풀어서 말하면 다음과 같지.

불쌍히 여기는 마음이 없으면 사람이 아니고,
부끄러운 마음이 없으면 사람이 아니며,
사양하는 마음이 없으면 사람이 아니며,
옳고 그름을 아는 마음이 없으면 사람이 아니다.
'불쌍히 여기는 마음'은 어짊(仁)의 극치이고,
'부끄러움을 아는 마음'은 옳음(義)의 극치이고,
'사양하는 마음'은 예절(禮)의 극치이고,
'옳고 그름을 아는 마음'은 지혜(智)의 극치이다.

無惻隱之心 非人也 무측은지심 비인야
無羞惡之心 非人也 무수오지심 비인야
無辭讓之心 非人也 무사양지심 비인야
無是非之心 非人也 무시비지심 비인야
惻隱之心 仁之端也 측은지심 인지단야
羞惡之心 義之端也 수오지심 의지단야
辭讓之心 禮之端也 사양지심 예지단야
是非之心 智之端也 시비지심 지지단야

혜정	극치가 뭐에요?
부모	원래는 '바를 단(端)'자인데, 끝, 최고봉이라고 할 수 있지. 힘들고 어려운 사람을 불쌍히 여기는 마음을 맹자는 측은지심(惻隱之心)이라고 했는데, 이 마음이 없으면 사람이 아니고, 이 마음이 있어야 어진 마음, 인자한 마음을 가진 사람이라고 했어, 아빠는 살면서 이 말이 매우 옳다고 느낄 때가 많단다.
혜정	그럼 당시에 높은 사람들은 왜 그런 불쌍한 마음이 없었어요?
부모	바로 그것이 우리가 깊이 생각할 점이란다. 평화 시장의 많은 사장님들이, 정부의 근로 감독관이, 나라의 노동 업무를 담당하는 많은 공무원들이, 혹은 이런 비참한 노동 현실을 알려야 하는 언론이나 지식인들은 왜 그런 불쌍한 마음이 들지 않았을까? 돈 버느라고, 혹은 공장을 운영하느라 바빠서 그랬을 수 있지. 이런 일이 비일비재한데 일일이 법대로 하려면 일만 많아질 것 같고. 어차피 법 따로 현실 따로이고 하루아침에 고쳐질 일이 아닌데 문제 제기하는 것이 의미 없는 일일 것 같아서 등등, 다들 나름의 이유가 있었겠지. 하지만 하루하루 살면서 내 눈앞에 있는 불쌍함에 대해서 관심을 갖고, 돕고자 하는 마음을 기르고 실천하지 않으면 우리도 그렇게 될 가능성이 많아.
혜정	그래서 아빠가 자주 '일일일선(一日一善)'을 강조하시는 거예요?
부모	그래, 어떻게 보면 아빠 인생의 결론은 그것이란다. 하루라도 좋은 마음을 갖지 않고 하루라도 선행을 하지 않으면, 내 마음속 양심의

소리에 점점 둔감해질 수밖에 없다고. 아빠가 좋아하는 명심보감 한 구절이 '一日不念善 諸惡皆自起(일일불념선 제악개자기)'라는 말인데, 전에 이야기한 적 있지 않나?

혜정   네, 말씀하신 것 같아요.

부모   어떤 뜻이라고 했지?

혜정   하루라도 선한 생각을 하지 않으면 모든 악한 것이 스스로 일어나서 온다고요.

부모   그래, 이 말을 장자가 했다는구나. 어떻게 보면 유교, 도교, 또 다른 많은 종교가 같은 지점에서 만나는 곳이 있단다. 바로 사람이 사람답게 살기 위해서는 악을 멀리하고 선을 행해야 한다는 것이지. 전태일 아저씨는 자신의 자리에서 바로 그 선을 행하려고 최선의 노력을 다했고. 그 결과는 놀라운 것이었단다. 전태일 아저씨의 분신으로 당시 많은 지식인들이 자신들의 이기적인 마음과 잘못을 깨닫고, 이후 그런 분들의 실천으로 우리나라 노동 운동과 민주주의는 한 걸음 더 발전하게 되었지. 관련해서 조영래 변호사님에 대한 이야기를 더 나누고 싶은데, 다음 시간에 나눠 보자꾸나.

혜정   그럼 조영래 변호사님에 대한 책도 읽어야 해요?

우리 할아버지 세대는 어떻게 살았을까?

부모   그러면 좋은데 시간이 없으면 아빠가 대강 이야기해 줄게. 혹시 전태일 아저씨가 몇 년생인지 아니?

혜정 어, 여기 있었는데 1948년이요.

부모 그래, 우리가 계속 전태일 아저씨라고 불렀는데, 사실 혜정이에게
는 할아버지뻘 되는 분이란다. 혜정이 할머니가 48년생이시고, 할
아버지가 46년생이시거든.

혜정 아, 그렇구나.

부모 전태일 아저씨와 평화 시장 노동자들의 힘든 삶은 비단 이분들의
이야기뿐 아니라, 바로 혜정이 할아버지의 삶이기도 했단다. 할아
버지는 중학교도 못 마치고, 무작정 서울로 올라와 힘든 삶을 견뎌
내셨지. 인쇄소 직공, 자동차 정비소 등 안 해 본 허드렛일 없이 열
심히 일하며 혼자 서울에서 살아남으셨단다. 할아버지는 그 시대를
어떻게 생각하시는지, 기회가 되면 할아버지와 함께 이야기하는 시
간을 가져 보자꾸나. 그리고 광화문 앞에 있는 한국 근현대사 박물
관에 가면 이런 할아버지 시대의 삶이 잘 복원되어 전시되어 있으
니, 여기도 꼭 한번 같이 가자.

혜정 네, 좋아요.

역사를 통해 사람의 도리를 배운다.

인물사를 공부하다 보면 자연스럽게 나는 어떻게 살아야 하는가에 대한 나름의 답을 찾을 수 있다. 역사가 인성 하브루타의 좋은 텍스트가 될 수 있음을 증명하는 순간이다. 아이와 함께 역사 속 인물의 삶을 자세히 살펴보며 그때 나라면 어떻게 살고, 어떤 판단을 했을까를 물어보고, 해마다 그 답을 업데이트하면 부모의 삶의 기준과 목표도 분명히 세워질 수 있다.

11 좋은 대통령과 나쁜 대통령을 나누는 기준은 무엇일까?

아이가 읽은 책 《살아있는 한국사 교과서 2》, 휴머니스트, 2012

아이 수진(가명), 중학교 1학년 여학생 (외향적)

부모 예상 질문 수진이는 활달한 성격이다. 공부에는 큰 관심이 없고, 사고도 좀 단순한 편이다. 이제 청소년과 어른이 되는 시점에서 좀 더 깊이 있게 생각하는 습관과 사회 현실에 대해서도 알려 주고 싶은데 어떤 식으로 이야기를 풀어 나가야 할까?

1. 단순한 흑백 논리에서 벗어나 깊이 있는 사고를 해야 하는 이유는 무엇일까?

2. 우리나라 역사 인물을 평가하는 데 있어 어떤 기준이 필요할까?

3. 잘한 사람에게는 무엇을 배우고, 잘못한 사람에게는 무엇을 깨달아야 할까?

4. 잘못된 역사를 반복하지 않기 위해서는 어떤 노력이 필요할까?

어떤 대통령이 좋은 대통령일까?

부모   오늘 수진이는 어떤 책을 읽었니?

수진   《살아있는 한국사 교과서 2》에서 해방과 분단 이후의 한국 현대사 부분을 읽었어요.

부모   그렇구나, 한국 현대사에 대해서 훑어보니까 어떤 생각이 들었니?

수진   우리나라에는 나쁜 대통령이 많다는 생각이 들었어요.

부모   아, 수진이는 나쁜 대통령과 좋은 대통령을 나누는 기준이 무엇이라고 생각하니?

수진   좋은 대통령은 상황 판단력이 있어야 하고, 중요한 상황에서 올바른 판단을 할 수 있는 사람이어야 한다고 생각해요.

부모   그럼 수진이가 생각하는 나쁜 대통령은 누구라고 생각하니?

수진   이승만, 전두환, 박근혜 대통령이요.

부모   그럼 한 가지 예를 들어 보자. 전두환 전 대통령은 12.12 쿠데타로 군대를 장악하고, 5.18 광주 민주화 운동에서 저항하는 광주 시민들을 많이 죽이고 대통령이 되었다고 하지. 전두환 전 대통령 생각에는 대통령이 없는 위급한 시기에 빨리 정치를 안정시키기 위해서 자신이 대통령이 되어야 한다고 판단하여 그 모든 일을 진행한 것일 수 있는데, 그럼 본인이 생각할 때에는 좋은 대통령이지 않을까?

수진	그런가요. 듣고 보니 그런 것 같기도 하네요.
부모	여기서 상황 판단력이라는 기준은 너무 주관적이니까 좋은 대통령을 판단하는 기준으로는 약간 어려울 것 같은데 어떻게 생각하니?
수진	그럴 수도 있을 것 같아요. 다들 자기가 상황 판단을 잘했다고 생각하면, 객관적인 평가를 제대로 할 수 없을 것 같아요.
부모	그럼 반대로 수진이가 생각하는 좋은 대통령은 누구니? 그분들의 공통점을 찾아보면 좋은 대통령의 기준을 찾을 수 있지 않을까?
수진	제가 생각하는 좋은 대통령은 김대중, 문재인 대통령이요.
부모	이분들의 공통점은 무엇이라고 생각하니?
수진	책임감이 강한 분들이요.
부모	책임감? 그럼 책임감이 없었던 대통령은 누구니?
수진	박근혜 대통령이요. 자신이 해야 할 대통령 책무를 다하지 못하고 친구에게 맡겼어요.
부모	아, 수진이가 말하는 책임감은 "자신의 역할에 맞는 책무를 다하는 것"을 말하는구나. 또한 대통령에게 부여된 책임과 역할을 제대로 수행한 사람이 좋은 대통령이라고 생각하고.
수진	네, 맞아요. 그런 책임감이요.

인물을 평가하는 객관적인 기준은 무엇일까?

부모	그래, 그런데 책임감도 약간 주관적일 수 있을 것 같아. 어떤 대통령

은 지나친 책임감으로 자기가 아니면 이 나라를 제대로 이끌어 갈 사람이 없다고 생각하고 독재자가 되었으니까. 그렇기에 책임감의 기준은 바로 '헌법'이어야 할 것 같아. '헌법이 부여한 권리와 책임을 다한 대통령이 좋은 대통령이다'라고 생각해 보면 어떨까?

수진   네, 그러면 될 것 같아요. 그러면 헌법이 부여한 권리와 의무는 뭐에요?

부모   그건 대통령이 되면서 선서하는 내용이기도 한데, 헌법을 수호하고 우리나라 국민의 생명과 재산을 지키겠다는 내용이고, 자세한 내용은 헌법에 명시되어 있지. 그런 면에서 올바른 책임을 다하기 위해서는 역시 헌법에 대한 지식과 공부도 필요할 것 같아. 그리고 헌법을 지키려는 대통령 본인의 강한 의지가 있어야겠지.

수진   그런데 헌법 공부는 너무 어렵지 않아요?

부모   어렵지. 우리 헌법이 북한의 헌법과는 달리 자유 민주주의 국가와 자본주의 경제 체제를 표방했기 때문에 그 이후에도 여러 우여곡절이 있었지만, 우리는 경제 발전과 민주화라는 나름의 큰 성과를 얻을 수 있었어. 이 점은 이후에 차차 더 공부해 보자.

수진   네, 알았어요.

부모   그럼 다음 시간까지 헌법에서 말하는 대통령의 의무와 책임이 무엇인지 조사해서 말해 줄 수 있겠니?

수진   네, 한번 해볼게요. 지금까지 헌법이라는 말만 듣고, 제대로 읽어 보지 않았는데, (웃으며) 이번 기회에 헌법도 읽어 봐야겠어요.

1. 탈무드식 독서 토론

탈무드식 토론에서는 개념의 정의와 개념을 기준으로 현상을 구분하는 훈련이 중요하다. 탈무드는 기본적으로 구약의 모세 오경인 토라의 주석서에서 출발하고, 토라 내용을 잘 지키기 위해서는 무엇을 해야 하는가에 대한 토론이다. 예를 들어 도둑질하지 말라는 계명을 잘 지키기 위해서는 도둑질이 무엇인가를 정의해야 한다. 그리고 도둑질을 의도적인 것과 비의도적인 것, 개인적인 도둑질과 사회적인 의미의 도둑질로 구분하는 사고를 하게 한다. 이는 탈무드식 토론뿐 아니라 모든 토론의 기본이기도 하다. 어려서부터 중요한 개념의 정의를 내리고, 깊은 사고를 하게 하는 훈련을 한 아이라면 앞으로 중요한 인생의 문제에서도 나름의 답을 잘 찾아갈 수 있을 것이다.

---

2. 부모 공부는 어디까지?

역사 하브루타를 시현하는 필자의 모습을 보고 부모들이 가장 많이 하는 말이 있다. "선생님은 아는 게 많아서 다양한 주제로 아이와 잘 이야기하고, 토론을 잘 이끌어 가지만, 저는 아는 게 없어서 아이와 대화가 길게 이어지지 않아요." 물론 부모가 아는 게 많고, 공부가 되어 있으면 좀 더 질적인 대화와 토론이 가능하다. 하지만 더 중요한 것은 토론의 수준이나 질이 아니라, 부모가 아이와 같이 공부하고 배우려는 마음이다. 탈무드식 역사 토론에 오는 많은 부모들이 처음에는 역사 지식도 없고, 대화도 길게 하지 못해서 어려움을 겪는다. 하지만 1년, 2년 어느 정도 지식이 쌓이고 말하는 요령이 생기면 점점 아이와의 대화와 토론이 자연스러워진다. 아이가 커서 늦었다고 생각하는 부모들도 기준을 높게 잡지 말고, 쉬운 유·초등 책부터 같이 보면서 질문을 만들고, 아이와 같이 공부한다는 마음을 갖는 게 좋다. 늦었다고 생각하는 때가 가장 빠른 때다. 아이가 청소년기가 되면 소통이 더 힘들어진다. 한 살이라도 어릴 때부터 시작해야 한다.

역사 하브루타를 3년 이상 한 아이들의 대화 사례

다음은 역사 하브루타를 3년 이상 꾸준히 한 아이들의 대화이다. 한 주제를 깊이 있게 공부하고 매년 그 공부를 확장했을 때 어느 정도로 생각이나 지식의 수준이 성장하는지를 확인할 수 있는 좋은 예이다. 모든 과목을 잘하고 뛰어난 소수의 아이들도 있다. 그러나 평범한 다수의 아이들은 모든 과목에서 탁월할 수 없다. 하지만 거의 대부분의 아이들은 자기가 관심 있고, 몰입할 수 있는 한 가지 주제에 충분한 시간을 투자하면 대부분 그 분야에서 어른 못지않은 탁월한 역량을 보여 준다. 인성과 지혜 하브루타를 목적으로 출발했지만, 역사 하브루타를 하다 보면 자연스러운 소통 가운데 아이들이 가진 이런 천부적인 재능과 관심을 하나씩 발견하는 뜻밖의 선물을 받기도 한다.

12 위만은 중국 사람인가?

아이가 읽은 책 《살아있는 한국사 교과서》, 휴머니스트, 2012

아이 수현, 중학교 1학년 남학생 (역사 하브루타 3년 이상)

부모가 읽은 책 《다시 찾는 우리 역사》, 경세원, 2017

부모 예상 질문 역사 하브루타를 3년 이상하고 중학생이 된 수현이는 점점 사고력과 표현력이 좋아지고, 어른들과 토론해도 될 정도의 수준이 되었다. 이번 시간에는 고대사를 배우며 항상 궁금했던 점과 고대의 민족의식에 대해 좀 더 깊이 있는 토론을 하고 싶다.

1. 우리가 한민족(韓民族)의 정체성을 갖게 된 것은 언제부터일까?

2. 고대 사람들을 중국 사람, 만주 사람, 한반도 사람으로 단순하게 구분할 수 있을까?

3. 위만은 왜 연나라나 중국식 이름을 쓰지 않고, 조선이라는 국호를 계속 썼을까?

4. 민족 문제가 지금 우리 사회에 갖는 의미는 무엇일까?

5. 우리 사회에서 다문화 가정이나 외국인 근로자에 대한 인종 차별과 편견을 어떻게 극복할 수 있을까?

위만은 왜 조선이라는 국호를 그대로 썼을까?

부모   올해로 우리가 탈무드식 역사 토론을 한지 3년째네. 다시 선사 시대와 삼국 시대 이전의 역사로 돌아온 느낌이 어떠니?

수현   첫해에는 '이런 고대사를 왜 공부하나'라는 생각이 들었는데, 어느 정도 지식이 쌓이니까 다른 연관된 질문도 많이 떠오르고, 이전에는 생각하지 못했던 관점도 생기는 것 같아요.

부모   그래, 올해는 어떤 주제를 중점적으로 토론하면 좋겠니?

수현   작년에도 잠깐 들었던 생각인데요. 고조선 말기에 단군의 후손으로 보이는 준왕을 몰아내고, 위만이라는 연(燕)나라 사람이 위만 조선(BC 194-108)을 세웠다고 하잖아요. 그럼 우리나라는 한사군(漢四郡) 이전에 이미 중국 민족에게 복속된 것으로 봐야 하나요? 그럼 낭랑군이 미천왕에 의해 313년에 멸망하기까지 거의 500여 년을 중국이 한반도 북부를 직접 통치했다고 봐야 하는 건데요.

부모   맞아, 아빠도 계속 마음에 걸렸던 부분인데 올해 다시 한영우 교수님 책을 읽으면서 상당히 많은 부분의 답을 얻을 수 있었어. 아울러 '과연 우리가 지금과 같은 민족의식을 언제부터 갖게 되었을까'라는 생각도 하게 되었단다.

수현
민족의식이요?

부모
그래, 이런 질문을 한번 해 보자. 위만은 본인이 연나라 사람이고 중국 사람이라는 정체성이 분명했다면, 왜 고조선을 밀한 후 새로운 국호를 쓰지 않고 조선이라는 국호를 계속 썼을까?

수현
글쎄요.

부모
이렇게도 한번 생각해 보자. 고려 태조 왕건은 후삼국의 혼란을 통일하고 신라라는 국호를 쓰지 않았지. 사실 왕건이나 후백제의 견훤은 한동안 신라 사람이었잖니? 하지만 자신은 고구려의 후손이나 백제의 후손이라는 정체성을 갖고 신라에 반대하는 반란을 일으키고, 새로운 국호를 쓴 것이지. 역사상 한 민족이 다른 민족을 정복하고 정복한 민족의 국호를 쓰거나 자신이 정복한 민족이 되었다는 정체성을 가진 적이 있을까?

수현
거의 없는 것 같은데요.

부모
아빠가 조사한 바로도 거의 없는 것 같아. 그러면 여기서 한 가지 추론할 수 있는 것은 위만이 자신이 중국인이라는 정체성보다, 조선인과 같은 민족적 뿌리라는 의식을 갖지 않았나 하는 점이란다.

수현
그럼 위만은 자기가 조선인이라고 생각했다는 건가요?

동방 문화권 개념은 무엇일까?

부모 사실 '조선인이다' 아니면 '중국민족과는 다른 한민족(韓民族)이다' 라고 단정적으로 말하기 어려운데, 이 점을 한영우 교수님은 '동이 족'(東夷族) 혹은 '동방 문화권'이라는 개념으로 설명하시더구나.

수현 그게 어떤 개념인가요?

부모 고대 동아시아의 문화권을 중국 한족(漢族) 중심의 황하 문화권과 요동과 한반도 중심의 동방 문화권, 지금의 몽고 지역 중심의 북방 문화권, 티벳 중심의 서역 문화권, 양자강 이남의 남방 문화권으로 나누는 것이지. 동방 문화권을 이룬 민족들은 황하 문화권의 한족 과는 다른 정체성을 가지고 있었고, 이들을 크게 동이족으로 볼 수 있다는 관점이야.

수현 그럼 당시 중국의 춘추 전국 시대에서 연나라는 한족의 나라라기보 다 동이족의 나라로 볼 수 있다는 건가요?

부모 한영우 교수님은 더 나가서 '제나라까지도 동이족 영향력의 동방 문화권으로 보아야 한다'라고 말씀하셨어. 그래서 공자도 한족보다 는 동이족에 가까운 사람으로 볼 수 있고. 그 근거로 공자가 자신의 정치사상을 황하 문화권 국가들이 잘 받아들이지 않자, 뗏목을 타 고 동이족의 나라에 가서 살고 싶다고 한 내용을 드시더구나.

수현 그럼 반대로 중국 사람인 위만이 한반도에 와서 한민족의 조선을 무너뜨린 게 아니라, 원래 동이족인 위만이 다른 동이족이 세운 조 선을 무너뜨린 것이고, 위만은 자신이 조선인이라는 정체성이 있었기에 조선이라는 국호를 그대로 유지했다고 볼 수 있는 건가요?

부모   그래, 그런 셈이지. 이런 사례는 부여라는 국호의 사용에서도 나타나는 것 같아. 부여는 너도 아는 것처럼 만주 지역에 영향력을 끼치던 고대 국가이고, 중국과는 완전히 성격이 다른 분명한 동이족의 국가였지. 삼국사기에는 해모수가 천제의 아들이라고 칭하며 북부여를 건국했다고 해. 그리고 북부여와는 다른 정권으로 보이는 동부여가 있었고. 부여에서 떨어져 나온 것으로 보이는 주몽이 세운 고구려도 초기에 졸본 부여라는 이름으로 불렸던 것 같고. 마지막으로 잘 알려진 사실이지만 시조 온조를 고주몽의 아들로 보는 백제는 성왕 때 국호를 남부여라고 했지. 고구려, 백제, 모두 자신들이 부여 출신이라는 의식이 있었기에 부여라는 이름을 계속 사용한 것이고, 고구려나 백제의 지배층들은 같은 민족으로의 정체성을 갖고 있었다고 볼 수 있겠지.

수현   그럼 다시 위만의 이야기로 돌아가면 위만은 중국 사람이라기보다 동이족 즉, 우리 한국 사람으로 봐야 한다는 거네요?

부모   크게 보면 동이족이라고 부르는 것까지는 무리가 없어 보이는데, 한국 사람이라고 하기는 좀 무리가 있을 것 같아.

수현   왜요? 중국 사람들은 연나라를 자기 역사라고 하잖아요.

고대의 부족 이동과 신화의 탄생

부모	그래서 아빠가 처음에 이 문제는 민족 문제와도 연관된다고 했는데, 사실 우리는 언제, 어떤 사람부터 한국 사람 또는 한민족이라고 부를 수 있을까?
수현	단군 조선부터 아닌가요?
부모	그렇게 보면 역사상 단군이 건국한 기원전 2,000년경은 신석기 시대인데, 당시 신석기 시대에 한반도 북부나 만주에 살았던 사람들이 우리의 직계 조상일까? 아니면 위만에게 쫓겨나기 전 조선을 통치하던 준왕과 그 이전 시대인 청동기 문명 사람이 우리 조상일까? 아니면 위만처럼 지금은 중국 땅인 연나라에 살다가, 발달한 철기 문화를 가지고 만주와 한반도에 들어와서 토착 세력을 복속시키고 새롭게 왕조를 세운 이들이 우리 조상일까?
수현	그렇게 보면 그리 간단한 문제는 아니네요.
부모	아빠가 보기에 삼국 시대가 정립되기 이전인 4세기경 동방 문화권은 끊임없는 부족 이동이 일어났던 시대인 것 같아. 사실 동방 문화권뿐 아니라 청나라가 위에서 말한 동아시아 5대 문화권을 통일하고(그중 마지막 동방 문화권 국가인 조선은 직접 지배를 하지 않는 방식으로), 이후 청나라를 계승한 중화민국이 우리나라를 제외한 나머지 문화권을 통합하여 지금의 중국을 유지한 최근 300년 외에 수천 년의 동아시아 역사는 위의 5개 문화권이 끊임없이 충돌하고 통합되어 가는 과정이었다고 볼 수 있지.
수현	그럼 아빠는 고구려, 백제, 신라 삼국이 정립되는 4세기 이전은 민

족 개념이 거의 없었다고 보시는 거네요. 그런 점에서 위만이 중국 사람이냐 한국 사람이냐를 따지는 것도 의미가 없고요.

부모 그래, 이런 관점에서 우리가 알고 있는 건국 신화를 살펴보자꾸나. 단군 신화를 비롯해서 많은 건국 신화에서 각국은 자신의 조상이 하늘에서 왔다는 비유나 상징을 사용한단다. 정말 그런 것 같지 않니? 우선 단군 신화부터 살펴보면 단군은 누구의 후손이시?

수현 삼국유사에 의하면 할아버지는 하늘의 신인 환인이고, 아버지는 환인의 아들인 환웅이죠.

부모 그래, 부계는 신과 신의 자손이고, 모계는 어떻지?

수현 엄마는 곰이죠. 원래 곰이었다가 여자가 된 웅녀요.

부모 그래, 그럼 하늘에서 온 환웅과 원래는 짐승이었던 웅녀가 상징하는 바는 뭐겠니?

수현 글쎄요. 작년에 토론에서 들은 내용은 곰과 호랑이 비유는 곰 토템을 쓰는 부족과 호랑이 토템을 쓰는 부족 가운데 경쟁이 있었고, 그 가운데 곰 토템을 쓰는 부족이 승리해서 곰이 여자가 되었다는 거였어요.

부모 이렇게도 생각할 수 있지 않을까? 환웅으로 상징되는 부족은 다른 곳에서 이주한 부족이었어. 이들은 원주민들보다 더 나은 문명을 가지고 있었겠지. 당시는 신석기 사회였으니까 아마 신석기 문명의 토착 주민들보다 월등한 청동기 문명을 가지고 있었고, 이후에 청동기 사회에서는 철기 문명을 가진 이주민일 수도 있지. 하여간 원래 그 지역에 살지 않았던 사람들이야. 이들이 새로운 지역에 와서 원주민들을 복속시키고, 그들을 통치하려면 무언가 자신들의 지배를 정당화할 신화나 이야기가 필요했겠지. 원주민들은 이들이 어디서 왔는지 잘 모르니까, 가장 좋은 방법 중 하나는 우리는 하늘에서 왔거나 신의 자손이라고 자신들을 포장하는 것이지. 이런 관점에서 보면 고대 국가의 건국 신화가 대부분 이해되지 않니?

수현   아, 그러면 신라의 박혁거세가 알에서 태어났다는 것도, 가야의 시조 김수로왕이 알에서 태어났다는 것도 다 그런 맥락이네요. 새로 이주한 정복 세력들이 자신의 통치를 정당화하기 위해 일반 토착민들과는 다른 신비한 출생이나 신화적 요소가 있는 것으로 포장하는 식으로요.

부모   그래, 아빠가 보기에는 4세기 이전 한반도는 계속 그런 이주와 정복의 역사가 있었던 것 같아. 철기 문화를 가진 위만이 준왕을 쫓아내고, 준왕은 남쪽으로 이동하여 한반도 남부의 세력을 정복한 후 그 지역의 통치자가 되지. 역시 고구려 계통의 이주민들이 한강 유역과 마한 지역으로 이동하여 백제를 세우고, 또 어디선가 등장한 북방 부족이 신라 지역으로 들어가 그 지역의 토착 세력을 복속시키고 신라를 세운 것처럼 말이야.

수현   그런데 가야는 좀 다르지 않나요? 북방에서 왔다기보다 남방에서 온 것 같은데요.

부모   그래, 이이화 선생님은 중국 남부에서 온 세력이 가야 지역에 정착

한 것으로 보시더구나. 여기서 한 가지 더 주목해야 할 점이 바로, 왜(倭)라고 불리는 세력이지.

수현　왜는 일본 사람 아닌가요?

부모　위에서 고대 시대 동이족을 중국 사람이나 한국 사람이라고 부르기 힘든 것처럼, 백제 멸망 전까지 왜를 일본 사람이라고 부르기가 상당히 힘들단다. 사실 4세기 전 일본의 큐슈나 서부 혼슈의 지배층들은 지금의 일본 사람이라기보다, 백제나 신라계의 한반도 도래인이었을 가능성이 더 크지. 그렇기 때문에 백제와 왜가 밀접한 관계를 맺고 군사 행동을 같이 하거나 신라를 자주 침입했던 것도 비슷한 기원을 가진 정치 세력끼리 영토 다툼을 한 것으로 볼 수 있어. 그러다가 백제 멸망을 계기로 일본에 살던 넓은 의미의 동이족은 일본에 토착화하면서 이후 일본 민족이나 역사 형성에 주요한 역할을 한 것 같고.

수현　그럼 결론적으로 4-7세기 이전까지 동아시아 각 정치 세력을 지금과 같이 중국, 한국, 일본 같은 민족 개념으로 이해하는 것은 무리가 있다는 말씀이네요.

민족 문제가 지금 왜 중요한가?

부모　그렇지. 이 문제에 대해 이렇게 길게 이야기하는 게 무슨 의미가 있을까라는 생각도 들지만, 아래 질문을 답해 보면 이 문제가 바로 우리가 당면한 문제라는 것을 알 수 있어.

수현 ⎯⎯⎯ 어떤 질문인데요?

부모 ⎯⎯⎯ 귀화한 로버트 할리가 한국 사람일까, 미국 사람일까? 그리고 한국 사람과 결혼하고 한국적 정서를 잘 이해하는 샘 해밍턴이 한국 사람에 가까울까, 부모가 한국인이지만 미국에서 태어나 한국말도 잘 못하는 교포 2, 3세가 한국 사람에 더 가까울까? 마지막으로 2016년 11월 통계 기준으로 다문화 가정에서 태어난 아이들은 20만 명 정도인데, 이 다문화 가정 아이들은 한민족이라고 할 수 있을까?

수현 ⎯⎯⎯ 정말 그렇네요. 로버트 할리나 샘 해밍턴은 외모는 외국 사람이지만 한국인에 가깝고, 교포 2, 3세는 외모는 한국 사람이지만 사실상 외국인이라고 봐야할 것 같고요. 다문화 가정 아이들은 당연히 한 부모가 한국인이고, 한국에서 태어났으니까 한국 사람이죠.

부모 ⎯⎯⎯ 그래, 그런데 문제는 지금 많은 다문화 가정 아이들이 은근한 차별이나 놀림을 당하고, 정상적인 한국인 대우를 받지 못한다는 점이지. 심지어는 학교에서 이름으로 불리지 않고, '야, 다문화'라는 별명으로 불린다고 한단다. 이런 상황에서 많은 의식 있는 분들이 이제 우리도 올바른 민족의 개념을 정립해야 한다고 지적하지. 우리가 지금은 한민족이라는 순혈의 민족인 것 같지만, 역사에서 보듯이 그동안 수많은 혼혈이 있어 왔단다. 특히 북방 민족과의 혼혈이나 다문화 사회 시절을 많이 보내다가 조선 시대 이후에 한민족으로서의 정체성이 확립되고, 이후 일제 강점기를 거치면서 더 민족의식이 강해진 것으로 볼 수 있단다. 그래서 이제는 외모나 혈연으로 같은 민족이라고 생각하기보다, 누가 이 한반도의 발전과 한민족 전체의 삶에 기여하는가를 기준으로 민족 개념을 생각해야 할 것 같아. 그리고 혈연적 민족의식을 넘어 더 큰 국가나 사회 단위의 공동체 의식을 가져야 하고.

수현   맞아요. 여전히 우리는 서양 사람들에게는 약간의 열등감을 갖고, 동남아 사람이나 아프리카 사람들에게는 우월감을 갖는 바람직하지 못한 민족의식이 있는 것 같아요. 말씀하신 대로 국제화 시대에 더 폭넓은 민족의식과, 궁극적으로는 민족의식을 뛰어넘는 공동체 의식을 갖는 게 중요한 것 같아요.

성숙한 민족의식이 필요한 이유

부모   그래, 이 점에서도 참조할 민족이 유대인이란다. 유대인은 수천 년간 자신들의 나라가 없는 방랑 생활을 했고, 그동안 수많은 혼혈이 생기면서 더 이상 혈연적인 민족의식은 없단다.

수현   그럼 어떤 사람이 유대인인가요?

부모   단순히 말하면 유대교를 믿는 사람이지. 민족 공동체라기보다 종교, 문화 공동체에 가깝지. 부모나 엄마가 유대인이면 혈연적으로 유대인으로 인정하지만, 혈연보다 더 중요한 것을 종교로 본단다. 다른 피부색을 갖더라도 개종하면 유대인이 될 수 있지.

수현　　　　혈연보다 종교를 민족의 기준으로 삼는다는 게 흥미롭네요.

부모　　　　그래, 우리도 어쩌면 이렇게 혈연보다는 공동의 가치에 기초한 민족의식을 가져야 할 때인 것 같아. 어찌 보면 단군의 건국 이념인 홍익인간(弘益人間)의 가치를 제대로 구현하는 사람들이 진정한 한민족이라는 좀 더 높은 수준의 민족의식이나 공동체 의식을 가질 필요도 있고.

수현　　　　네, 알겠습니다. 혈연보다는 가치와 정신을 공유하는 민족주의⋯. 오늘도 우리 역사를 배우며 참 많은 생각을 하게 되는 것 같아요.

부모　　　　그래, 아빠도 수현이와 같이 공부하면서 점점 깊이 있는 사고를 하고, 생각이 더 자라는 것 같아서 뿌듯하구나.

원소스 교육의 힘

앞의 사례도 역사라는 하나의 주제를 몇 년간 깊이 있게 공부하면 어느 정도로 사고력과 표현력이 확장할 수 있는지를 보여 준다. 이렇게 길러진 사고력과 표현력이라는 공부 하드웨어에 다른 세부 과목이 접목될 때, 창의적인 생각이 나오고, 세부 과목도 더 재미있게 공부할 수 있는 길이 마련된다.

13 신라의 삼국 통일은 최선이었는가?

아이가 읽은 책 《한국사를 보다 1. 선사, 고조선, 삼국》, 리베르스쿨, 2011

아이 재현(가명), 초등학교 6학년 남아 (역사 하브루타 3년 이상)

부모가 읽은 책 《다시 찾는 우리 역사》, 경세원, 2017

부모 예상 질문 두뇌도 명석하고 탈무드식 토론을 3년 이상 꾸준히 한 재현이와

의 대화이다. 이제 거의 한 주제에 있어서는 어른 못지않은 분석력을 보인다.

이번에도 서로 배우고 성장한다는 교학상장(教學相長)의 마음으로 아이의

의견을 듣고, 새로운 관점에서 역사적 사건을 바라보는 시도를 하려고 한다.

1. 신라의 삼국 통일 이후 우리 민족의 역사는 어떤 방향으로 진행되었을까?

2. 신라가 아닌 고구려가 삼국을 통일했다면 한반도의 역사는 어떻게 바뀌었

을까?

3. 우리가 만주와 요동 땅을 오랫동안 지켰다면 우리 민족의 운명은 어떻게 되었을까?

4. 우리가 하나의 민족적 정체성을 갖게 된 것은 언제부터일까?

5. 개인의 삶에서도 명분과 실리를 취하는 기준은 무엇이 되어야 할까?

'고구려가 삼국 통일을 했다면'이라고 생각한 이유는 무엇일까?

부모   재현아, 이번이 벌써 탈무드식 역사 토론을 한 지 3년째네. 이번에 다시 삼국 시대를 같이 공부했는데, 가장 관심이 갔던 대목은 무엇이니?

재현   작년에 토론할 때 다른 분들이 언급했던 주제인데, '신라가 삼국 통일한 것이 과연 최선이었을까'라는 부분이요. 올해 읽은《한국사를 보다》에서는 저자가 흥미로운 주장을 하던대요.

부모   어떤 주장인데?

재현   저자는 삼국이 평화로운 공존을 도모해서 세력 균형을 이루었다면 고구려가 만주 대륙을 잃지 않고, 우리 민족이 대륙적 기질을 유지할 수 있었다고 하더라고요.

부모   너는 그 주장에 대해서 어떻게 생각하니?

재현   그렇게만 되었다면 좋았겠지만 너무 이상적이지 않나 생각해요.

부모   뭐가 이상적이지?

재현   현실적으로 삼국이 정립된 4세기 이후부터 7세기 통일 때까지 거의 300년 동안 쉬지 않고 세 나라가 싸웠는데, 어떻게 평화롭게 공존할 수 있겠어요?

부모　그래, 그렇겠구나. 그럼 재현이는 삼국 중 어느 나라 중심으로 통일했으면 좋았을 거라고 생각하니?

재현　물론 많은 사람들이 생각하듯이, 고구려가 통일했으면 하죠. 그랬다면 우리나라가 만주와 요동 반도를 차지하는 좀 더 강력한 나라가 되지 않았을까요?

부모　그래, 아빠도 예전에는 너와 같이 생각하고 신라의 삼국 통일에 대해 불만이 많았던 사람 중 하나인데, 요즘 들어서는 신라의 삼국 통일을 긍정적으로 평가하는 쪽으로 생각이 바뀌고 있단다.

재현　왜요?

부모　우선 왜 많은 사람들이 고구려가 삼국을 통일했으면 좋았을 거라고 생각할까?

재현　아까 말한 대로 만주와 요동을 차지해서, 중국에 버금가는 강대국이 되었을 거라는 기대 때문 아닐까요? 고구려는 신라처럼 당나라라는 외세를 끌어들이지 않고, 자주적인 통일을 할 수 있는 역량이 있었으니까 이후에 우리나라가 좀 더 자주적인 나라가 됐을 거라는 기대도 있는 것 같고요.

부모　그럼 삼국 통일 이후 우리가 계속 대륙 국가로 남았더라면 중국에 버금가거나 중국을 능가하는 강대국이 될 수 있었을까? 이와 관련해서 많은 질문을 할 수 있을 것 같아. 과연 영토가 크다고 모두 강한 나라가 되는 걸까? 강한 나라란 어떤 나라인가? 한때 아시아와 유럽을 제패하고 우리나라도 거의 준 식민지 상태로 수십 년을 통치한 몽고는 지금 어떤 나라가 되었지? 뿐만 아니라 이집트, 바빌로니아, 알렉산더 시대의 그리스, 로마 제국 등 수많은 역사상의 강대국은 지금 어떻게 되었을까? 그리고 영토는 작지만 강한 나라는 없을까? 아예 2,000년 동안 영토도 없이 간신히 민족만 유지했던 유대인은 과연 연약한 민족이라고 할 수 있을까?

재현   아, 그렇게까지 생각하면 너무 복잡해지는 것 같은데요.

중국을 제패한 거란족이나 여진족의 운명은 어떻게 되었나?

부모   그래, 이야기가 너무 확대되니까 주제를 좁혀 보자꾸나. 아빠는 기본적으로 고구려가 삼국을 통일하고 만주와 요동 반도를 계속 유지하고 있었다면, 우리나라도 거란족이나 여진족 같은 운명이지 않았을까 생각한단다.

재현   거란족이나 여진족의 운명이 뭐죠?

부모   작년에 고려사 이후에 조선 시대 후금과 청나라에 대해서 공부했던 부분을 생각해 보렴. 이 민족은 어떤 민족이었지?

재현   거란족은 흉노나 돌궐족 비슷한 계열로 주로 목축을 하던 유목민으로 기억하는데요.

부모   거란족이 세운 나라는 어떤 나라였지?

재현	요나라였던 것 같아요. 고려 시대에 고려를 침입했고, 서희의 담판이나 강감찬 장군의 귀주대첩 등을 통해 격퇴됐고요. 참, 요나라가 발해를 멸망시킨 것 아닌가요?
부모	그래, 잘 기억하고 있구나. 발해는 요나라에 의해 망하고, 발해 유민들이 고려에 복속되었다고 하지. 그럼 여진족은?
재현	만주 지역에 살던 반농(半農), 반목(半牧) 민족으로 기억하는데요. 전에는 말갈족으로 불리지 않았나요? 말갈족은 삼국 시대 정립 이전에는 백제와 신라까지도 많이 쳐들어 왔다는 내용을 이이화 선생님의 《만화 한국사 이야기》에서 본 것 같아요.
부모	그래, 아빠가 알기로도 그렇단다. 그러던 여진족이 어떻게 되었지?
재현	한동안 요나라와 고려 사이에 힘을 못 쓰다가, 이후 점점 힘을 길러 요나라를 멸망시키고 금나라를 세우죠. 그리고 중국으로 진출하여 송나라를 남쪽으로 밀어내고, 중국 북부를 차지하고요.
부모	맞아. 그리고 마지막 전성기가 한 번 더 있었지.
재현	네, 이후 금나라는 몽골 제국에 의해 멸망되고, 명나라와 조선 시대에 다시 만주에서 힘을 키워서 누루하치 통치 하에 후금이라는 나라를 세우고, 우리나라를 공격해서 군신 관계를 맺고, 청나라를 세워 중국 전역을 제패하죠.
부모	그래, 잘 아는구나. 그럼 네가 정리한 거란족과 여진족의 역사를 통해 볼 때 만주를 차지하고 그 여세를 몰아서 중국에 진출한 나라들의 운명은 어떻게 되었니?

재현	결국 중국이라는 커다란 용광로 속에 빠져 버린 건가요?
부모	그래, 아빠가 생각하는 점이 바로 그거야. 사실 지금도 그렇지만 중국이라는 나라는 한족(漢族)만의 나라는 아니지. 한족을 중심으로 수많은 민족이 나라를 이루는 다민족 국가인데, 어느 민족이든 만리장성을 넘어 중국을 정복한 민족은 대부분 자신들의 정체성을 지키지 못하고 한족화 되어 결국 사라져 버린 경우가 많아.
재현	만리장성을 넘었는데도 중국화 되지 않은 민족이 하나 있는 것 같은데요?
부모	그래, 정확히 말하면 그렇지. 어떤 민족이지?
재현	몽골 민족이요.
부모	그래, 지금 몽골이라는 나라를 이루는 외몽고가 그렇지. 하지만 외몽고의 몇 배가 되는 내몽고 지역은 현재 중국령에 속해 있지. 그리고 만리장성을 넘지 않았지만 동쪽으로는 우리나라, 일본, 남쪽으로는 베트남, 서쪽으로는 인도가 오랜 전통과 자신들의 역사를 지닌 채 중국화 되지 않고 살아남은 민족이자 국가라고 할 수 있겠지.
재현	그럼 아빠는 만약에 고구려가 통일했더라면, 우리 민족도 거란족이나 여진족처럼 될 수 있었다는 말씀인가요?
부모	그래, 단순히 말하면 그렇단다. 고구려가 신라와 힘을 합쳐 백제를 먼저 무너뜨리고, 중국과의 충돌을 최대한 자제하고, 남은 힘을 모아 외세의 도움 없이 자주적으로 신라를 무너뜨리고 통일했을 수도 있지. 그러고는 민족적 역량을 모아 동북아의 강력한 국가를 건설

하고, 여세를 몰아 중국이 분열되고, 혼란스런 틈을 타서 거란족이나 여진족, 몽고족처럼 중국을 공격하여 통일하고, 몽골 제국 같은 나라를 건설했을 수도 있어. 하지만 그러다가 100~200년 지나면 역시 다른 민족처럼 중국화 되고 자칫 여진족처럼 아예 민족적 뿌리를 잃어버릴 수도 있지 않았을까 상상해 본단다.

재현　　그런 관점에서 신라를 중심으로 통일한 역사적 현실이 우리 민족의 오랜 생존을 위해서는 좋았다는 말씀인가요?

부모　　그렇게 볼 수도 있지 않을까?

강대국 사이에서 우리는 어떤 선택을 해야 하나?

재현　　그렇게도 볼 수 있는데 신라가 당나라 세력을 끌어들여 백제와 고구려를 무너뜨리고, 고구려 영토의 대부분을 잃어버린 사실이 너무 부끄럽고 창피해요.

부모　　그래, 그게 바로 강대국 속에서 살아남아야 하는 우리 민족의 영원한 숙제인 '명분이냐, 실리냐'의 또 다른 버전이라고 할 수 있지. 개인적인 차원에서 보면 '짧고 굵게 살아도 멋있게 살 거냐', '굽실거리고 비굴해 보여도 가늘고 길게 살면서 때를 기다릴 것이냐'의 질문이기도 하고. 하지만 현실적으로 우리는 약간 비굴하지만 가늘고 길게 가는 신라의 길을 가게 되었고, 신라 통일 이후 한반도에만 머무르는 민족이 되었구나.

재현   그러네요.

부모   사실 이런 관점에서 본다면 이는 민족이나 나라의 운명에 대한 질문이기도 하고, 우리 개개인의 삶에 대한 질문이기도 하단다. 커다란 힘 앞에서 굴종하며 때를 기다리는 삶을 사는 게 좋을까? 아니면 장렬히 전사하는 한이 있더라도 기개를 보이고 역사에 기록되는 삶을 사는 게 좋을까? 나라의 운명뿐 아니라 개인 차원에서도 쉽게 답할 수 없는 질문이지. 세상은 단순히 '이게 옳다, 저게 옳다'라고 말할 수 없는 복잡함이 있는 것 같아. 고구려가 연개소문 시절에 통일했더라면, 이후에 연개소문 아들들의 내분으로 당나라에 어이없이 망하고, 한반도 전체가 당나라 수중에 떨어질 수도 있지 않았을까? 그런 점에서 신라는 통일 이후에도 수백 년간 중국에 복속되지 않고, 한반도 국가를 지키는 강인함은 보여 주었으니까.

재현   아빠가 자주 말씀하시는 "정답은 없다. 다만 수많은 해답이 있을 뿐이다. 그러니 상황을 분석하고 나만의 최선의 답을 찾아가라"는 말씀과 비슷하게 들리네요.

부모   그래, 결국 그런 개인적인 적용으로 마무리되는구나. 한 가지 덧붙인다면 답을 찾은 후에 어떤 선택을 하고 결정을 하면, 그 선택에 대한 책임은 자신이 져야 한단다.

재현   알겠어요. 저도 앞으로 있을 많은 선택의 상황에서 아빠가 말씀한 원리대로 깊이 생각해서 판단하고, 그 결정에 대해 책임지는 삶을 살아야겠다는 생각이 들어요.

다른 관점으로 바라보기

탈무드식 역사토론을 오래 하다 보면, 자연스럽게 한 주제에 대해 깊이 있는 사고를 하게 되고, 그 가운데 고정관념에서 벗어나 다른 시각을 가질 수 있다. 하나의 주제를 계속 반복하여 깊이 있게 생각할 때 얻을 수 있는 열매이자, 유대인이 탈무드식 토론을 통해 얻어 낸 창의력의 원동력이기도 하다. 또한 탈무드에서는 기본적으로 종교적인 진리 이외에 인간사의 대부분은 상대적인 것이라고 본다. 하나의 정해진 정답을 찾기보다 상황에 맞는 수많은 해답을 찾는 연습을 해야 한다. 그들은 토라, 탈무드라는 자신들의 경전을 통해, 우리는 우리 역사를 통해서 이런 연습을 할 수 있다. 그러면서 자연스럽게 논리적 사고 능력을 기르고, 고정 관념에서 벗어난 창의적 사고를 할 수 있다.

14 우리도 그때 살았으면 친일을 했을까?

아이가 읽은 책 《사진과 그림으로 보는 한국사 편지 5. 대한제국부터 남북 화해 시대까지》, 웅진주니어, 2003

아이 지훈(가명), 초등학교 6학년 남아 (역사 하브루타 4년 이상)

부모 예상 질문 탈무드식 역사 토론을 4년 이상 한 지훈이와의 하브루타이다. 지금까지 공부한 내용으로 학교에서 토론하다가 친구의 반론에 말문이 막혔다고 한다. 토론에서 이기고 지고를 떠나서 일제 강점기와 친일이라는 아픈 역사를 어떻게 객관적으로 보고, 이런 민족적 비극을 다시 반복하지 않기 위해서는 어떤 판단 기준을 가져야 할까?

1. 친일의 범위를 구분하기 위한 기준을 어떻게 설정해야 할까?

2. 우리가 일제 강점기에 살았다면 어떤 선택을 했을까?

3. 왜 많은 지식인과 기득권자들은 일제 말기에 친일을 할 수밖에 없었을까?

4. 친일파 중 나중에 자신의 친일 행위를 반성하고 속죄하는 삶을 산 사람이 있을까?

5. 우리도 친일파와 같은 자리에 있었다면 어떤 선택을 했을까?

친일파 문제에 대해 토론할 만한 쟁점들

지훈　　　이번 주 학교에서 일제 강점기에 대한 역사 토론을 했는데요. 제가 '우리나라는 친일파 청산이 안 되어서 정의가 바로 서지 않았다. 독립운동가의 후손은 가난하고 힘들게 살고, 친일파 자손은 여전히 잘 먹고 잘 산다'라고 발표했는데, 저희 모둠에 있던 한 아이가 "그럼 너는 네가 일제 강점기에 살았으면 독립운동 했겠냐?"고 묻더라고요. 그러면서 대부분 그 시대에 살았던 우리나라 사람들은 친일한 것이나 마찬가지이고, 자기 자식과 가족을 지키기 위해 어쩔 수 없는 경우도 많았다고 하면서 친일을 무조건 비판할 것은 아니라고 했어요. 그런데 막상 반론하려고 하니 무슨 말을 해야 할지 모르겠더라고요. '나도 진짜 그 시대에 살았다면 과연 가족들을 돌보지 않고 독립운동을 했을까?'라는 질문에 자신 있게 답할 수 없어서요….

부모　　　그래, 사실 이 부분은 생각해 볼 것이 상당히 많고, 이른바 흑백 논리로 한쪽은 무조건 옳고, 한쪽은 무조건 틀리다고 말하기 힘들단다. 이런 어려운 문제를 지혜롭게 해결하기 위해서 탈무드식 생각

훈련과 논리가 필요한데, 지훈이도 탈무드식 역사 토론을 한 지 4년 넘었으니 올해는 이 문제에 대해서 확실히 정리해 보자꾸나.

지훈   어떻게 정리해요?

부모   먼저 이런 질문을 던져 보자.

첫째, 친일파에 대해서 지금 전체적인 국민 정서는 어떨까?

둘째, 정말 친일파의 후손들은 우리나라 지도층에 자리를 잡고 여전히 잘 먹고 잘살고 있을까?

셋째, 정말 독립운동가의 후손들은 힘들고 가난하게 살고 있을까?

넷째, 과거 역사 청산이 잘 되었다고 칭찬받는 나라들은 어떤 나라이고, 역사 청산 이후 정말 나라가 더 좋아지고 정의가 구현되는 사회가 되었을까?

다섯째, 친일도 다 같은 친일일까? 적극적으로 민족을 배신하는 행위와 수동적으로 일본 정부에 협조하고 살았던 것은 어떤 차이가 있을까?

여섯째, 여전히 우리 사회에서 친일 문제가 남아 있는 이유는 무엇일까?

일곱째, 친일 문제가 해결되지 않은 상태에서 올바른 한일 간 문제 해결이 가능할까?

지훈   아, 너무 많은데요. 이 질문에 대한 답을 다 찾아야 하나요?

부모   오늘 꼭 다 할 필요는 없지만, 앞으로 평생 역사 토론을 한다는 생각으로 매년 한 가지씩 문제에 대한 답을 더 깊이 있게 생각해 보고,

해결책을 찾아보면 좋을 것 같아. 우선 첫 번째 질문에 대해서는 어떻게 생각하니? 친일파에 대한 일반적인 국민 정서는 어떤 것 같아?

지훈   친일은 민족을 배반한 행위이고, 처벌받아야 한다고 생각하는 것 같아요. 그런데 여전히 우리나라 지도층에 친일파 후손들이 많아서 친일 문제 해결이나 역사 청산이 잘 안 된다고 생각하는 것 같고요.

부모   그래, 우리나라는 일본의 식민 지배에서 큰 고통을 받았고, 그런 고통을 주는 데 앞장섰던 친일파라고 불리는 민족 반역자들에게 많은 사람들이 좋지 않은 감정을 가지고 있는 것은 분명한 사실 같구나.

지훈   이 책을 보니 당시 조선의 인구가 약 2,000만 정도였는데, 일제 말기 징용이나 징병, 종군 위안부 등으로 끌려가서 고초를 겪거나 죽은 사람이 거의 700만 정도가 된대요. 거의 3명 중 1명은 일제 말기에 끔찍한 일을 겪은 거래요.

부모   그래, 그동안 잘 알려진 종군 위안부 피해뿐 아니라, 일제에 강제 징용되어서 비행장이나 군사 시설을 짓고, 비밀을 유지한다는 이유로 학살당한 우리 동포도 수십만이 된다고 하지.

어떤 사람들이 친일을 했나?

지훈   그런 징용이나 징병을 선동하고, 일본의 앞장이 노릇을 한 사람들 가운데 춘원 이광수나 육당 최남선 같은 유명한 사람이 있었고, 3.1 독립 선언에 서명한 민족 대표 33인 중 한 사람도 있었대요.

부모 그래, 여기서 친일의 범위를 적극적 친일과 소극적 친일로도 분류할 수 있어. 이광수나 최남선, 김활란처럼 신문에 기고하고, 전국을 다니며 연설하며 동포들을 징병과 징용으로 보낸 사람들이 있고, 일제의 폭압에 억눌려 어쩔 수 없이 창씨개명을 하고, 일제의 정책에 협조한 사람들이 있지. 보통 친일파 청산을 말할 때, 소극적 친일이나 마지못해 일본 정부에 협조한 보통 사람을 말하는 것은 아닌 것 같아. 지식인으로 일본에 적극적으로 협조하거나, 일본에 전쟁 물자를 받치거나, 일본 장교가 되어 독립군을 때려잡는 데 앞장서거나, 독립운동가들을 색출하던 일본 경찰의 앞장이 노릇을 한 사람들을 우리는 보통 친일파라고 하지.

지훈 그럼 저는 최소한 일제 강점기에 살았더라도 적극적 친일은 하지 않았을 것 같아요.

부모 어떻게 그렇게 확신할 수 있지?

지훈 음, (웃으며) 우선 저는 이광수나 최남선처럼 글을 잘 쓰거나 유명한 사람이 아니어서 일본 정부가 저에게 징병과 징용을 선동하라고 하지 않았을 것 같고요. 돈이 많지 않아서 일본 정부에 비행기나 무기를 사서 받치지도 않았을 것 같아요.

기득권과 친일의 강도

부모 지훈이 이야기를 듣다 보니 중요한 하나의 원리를 발견할 수 있구나.

지훈	어떤 원리요?
부모	돈과 명예, 권력을 가진 사람들은 적극적 친일을 할 가능성이 높았고, 그렇지 않은 사람들은 상대적으로 소극적 친일을 할 가능성이 높았다는 점이야.
지훈	그러면 일본 제국주의 같은 악한 정권에 있을 때에는 될 수 있으면 돈과 명예, 권력을 적게 갖고 있는 게 좋겠네요.
부모	오, 그것 아주 좋은 생각인데! 우리 가문의 가훈으로 물려줘도 되겠다. "악하고 정의롭지 못한 정권이 들어섰을 때는 가능한 돈과 명예, 권력을 적게 가져라."
지훈	그럼 정의로운 정권이 들어섰을 때는 돈과 명예, 권력을 많이 가져요?
부모	오, 그것도 아주 좋은 질문이다! 그런데 돈과 명예와 권력이 갖고 싶다고 쉽게 가질 수 있고, 갖기 싫다고 쉽게 포기할 수 있는 걸까?
지훈	아, 그것도 어려운 질문인데요. 우선 갖고 싶다고 쉽게 가질 수 있는 건 아닌 것 같아요. 능력이 있어야 돈도 벌고, 명예도 쌓고, 권력도 얻을 수 있는 것 아니에요?
부모	그래, 그런 점에서 친일은 능력이 별로 크지 않은 평범한 사람들에게 해당되는 문제는 아닌 것 같아. 평범한 농부나, 일제 순사의 앞장이를 해야 했던 조선인 하급 관리들이나, 먹고살기 위해 일제에 협조했던 사람들을 친일파라고 할 수는 없는 것 아닐까?
지훈	네, 우선 그렇게 정리할 수 있을 것 같아요. 그럼 능력이 있는 사람들은요?

부모	그 기준으로 생각해 보면 돈을 벌 능력이 많은 사람, 명예를 얻을 수 있는 재능이 많은 사람, 자신의 특권이나 능력으로 권력을 얻을 가능성이 많은 사람들이 친일을 했는가 아닌가를 보고, 그런 사람들을 비판해야 할 것 같아. 그 사람들은 일제 강점기에도 우리 민족의 지도층이었던 사람들이었고.

같은 상황이었지만 친일이 아닌 다른 선택을 한 사람들

지훈	그럼 자신들이 그런 능력이 있는데 그걸 포기하고 산 사람들이 있어요?
부모	정말 있었는지 그동안 우리가 공부한 내용을 돌이켜 곰곰이 생각해 보자꾸나. 우선 아빠는 돈에서는 유일한 박사님이 생각나는데! 본인이 돈 버는 능력은 탁월했지만 일제 강점기에 고국에서 장사를 하면서도 친일을 하지는 않았잖아. 지훈이는 또 생각나는 사람 없니?
지훈	저는 전에 발표한 우당 이회영 선생님 가족이 생각나요. 조선의 거부 가문이었지만 나라가 일본에 넘어간 후 있는 재산을 다 팔아서 모든 가족이 독립운동에 헌신했잖아요.
부모	그렇지! 너무 좋은 예다. 그러면 명예 쪽에서는 누구를 들 수 있을까?
지훈	춘원 이광수나 육당 최남선급의 문장가이고 지성인이었지만, 일제에 협력하지 않은 분들은 아주 많은 것 같은데요. 우선 한용운 (1879-1944), 심훈(1901-1936), 이육사(1904-1944), 윤동주

(1917-1945) 같은 시인들이 있지 않나요?

부모 ___그분들은 대부분 독립운동을 했거나 소극적 친일을 했던 분들이지. 아빠가 알기로는 윤동주 같은 경우, 가족들이 윤동주의 일본 유학을 위해 창씨개명을 했다고 해. 윤동주는 이 사실을 알고 괴로워하며 '참회록'이라는 시를 썼다고 알려져 있지. 그런데 문제는 이렇게 자기 소신을 지킨 문인들보다, 이광수나 최남선처럼 이른바 변절하고 일본에 적극 협력하며 징병이나 징용을 선동한 문인들이 훨씬 많았지.

친일 문인들과 그들에 대한 평가

지훈 ___그런 사람들이 누구예요?

부모 ___대표적으로 이광수와 최남선 이외에도 김동인, 김동환, 김상용, 노천명, 모윤숙, 서정주, 유진호, 유치진, 이무영, 이서구, 정비석, 주요한, 채만식 같은 분들이라고 한단다.

지훈 ___아, 정말 많네요. 그런데 서정주 시인은 아빠가 전에 노래 부른 "눈이 부시게 푸르른 날은 그리운 사람을 그리워하자"라는 노랫말 지은 분 아닌가요?

부모 ___그래, '푸르른 날'이라는 서정주 시인의 시에 송창식 씨가 곡을 붙여 만든 노래지. 그리고 "한 송이의 국화꽃을 피우기 위해/봄부터 소쩍새는/그렇게 울었나 보다"로 시작하는 〈국화 옆에서〉라는 유명한 시를 지었지. 아빠도 대학에 가서 임종국 선생의 《친일문학론》이라는 책을 보고, 중·고등학교 때 배운 교과서에 수록된 유명한 문인 대다수가 일제 말기에 일본을 찬양하거나 징병, 징용을 선동하는 글을 발표했다는 것을 보고 깜짝 놀랐단다.

지훈 아, 그럼 어떻게 해요. 이런 친일을 한 사람들 작품을 읽지 말아야 해요?

부모 사실 그것도 쉽지 않은 문제지. 문학은 문학으로 평가하고, 그들의 정치적인 행위는 정치적인 행위로 평가해야 할지, 아니면 과학이나 경제와 같은 물질적인 가치와는 달리 시대를 지나도 큰 영향을 미치는 문학은 정신적인 부분이기 때문에 철저히 배제해야 할지도 고민인 것 같아.

지훈 그럼 아빠는 어떻게 했으면 좋겠어요?

부모 글쎄 어떻게 하면 좋을까? 이런 친일 문제를 접할 때마다 아빠가 생각하는 기준은 "누구나 잘못은 할 수 있지만, 잘못을 알았다면 반성을 해야 한다"는 것이야. 능력 있는 사람들이 자기 욕심 때문에, 능력 없는 사람은 먹고살기 위해서 잘못을 저지를 수 있어, 하지만 이후에 기회가 있을 때 자신의 잘못을 반성하고, 다시는 그런 잘못을 저지르지 않으려는 노력을 보여야 하는 게 아닌가 싶어.

친일을 반성한 기득권자가 있었나?

지훈 그럼 일제 강점기에는 친일을 했다가 이후에 반성하고, 다시는 그런 잘못을 저지르지 않으려고 노력한 사람이 있어요?

부모 그게 정말 힘든 부분이지. 아빠가 알기로는 이종찬 장군이라는 분이 있는데 나중에 관심 있으면 지훈이도 더 공부해 보렴.

지훈 어떤 분인데요?

부모 한일병합조약에 협력한 대신 이하영의 손자이자 친일파 후손으로 부유하게 자랐고, 일본 육사를 나온 군인인데, 해방 이후 본인의 일본군 생활을 반성해서 3년간 낭인 생활을 했다고 해. 그리고 6.25 때 국군으로 참전해서 공을 세우고, 육군 참모 총장이 되었지. 이후 이승만 대통령의 부당한 군대 동원이나, 박정희 대통령의 쿠데타도 반대했다고 하는데, 끝내 박정희 정권에서 국방부 장관도 하고, 국회의원도 했다고 해. 하지만 다시 본인이 군인의 길을 버리고 정치를 한 것을 반성하고, 이후에 12.12 군사 반란이나 광주 민주화 운동 유혈 진압을 비난했다고 하고.

지훈 아, 그런 분도 있네요.

부모 그래, 그렇지만 정말 이런 분은 100명에 1-2명이고, 대부분의 지도 층들은 전혀 반성 없이 자신들의 친일 경력을 감추거나 오히려 더 큰 권력과 부를 쌓으려고만 했지.

지훈 정말 복잡하네요.

부모 그래, 우선 오늘 토론을 여기서 어느 정도 정리해 보자. 다음 시간이나 또 다음 해에도 계속 이야기할 수 있으니까. 그럼 지훈이는 오늘 토론에서 뭐를 배운 것 같니?

지훈 　제일 기억나는 것은 "잘못을 안 할 수는 없지만, 잘못을 인정하고 반성할 수 있는 용기를 갖는 게 중요하다." 이거요. 그리고 "악한 정권이 들어섰을 때는 될 수 있으면 돈과 명예와 권력을 너무 많이 가지려고 하지 말라"는 내용이요.

앞으로 더 공부해야 할 친일 문제

부모 　그래, 오늘은 이 정도면 좋을 것 같구나. 참고로 앞으로 몇 년간 일제 강점기 시간에는 친일 문제를 좀 더 자세히 다뤄 보자꾸나. 세상에서 어떻게 평가하든 우리 집안에서는 나름의 기준을 가지고 이 문제를 자세히 공부하고, 이런 일이 다시 일어나지 않기 위해서 우리는 어떻게 해야 할지 생각을 정리할 필요가 있을 것 같아.

지훈 　그럼 어떻게 해야 해요?

부모 　아빠도 친일 문제에 관심 있어서 책을 찾아봤는데, 이런 책을 읽어 보면 어떨까? 우선 어린이용과 청소년 도서로는《친일파가 싫어요》(고정욱, 맹앤앵, 2012),《일제 강점기 그들의 다른 선택》(선안나, 피플파워, 2016)가 있고, 나중에 독해력이 늘면《친일문학론》(임종국, 민족문제연구소, 2013)을 보면 좋을 것 같아.《좌옹의 길》이라는 윤치호의 생애를 다룬 소설도 보면 좋고. 우리가 좀 더 공부해서 내공이 쌓이면 이 책을 쓴 조성기 작가가 언론과의 인터뷰에서 말한 "일제 강점기를 살아보지 못한 우리 세대가 그 시대의 미묘한 굴곡과 숨결들을 제대로 파악한다는 것은 거의 불가능하다. 문학의 임무는 누가 친일파냐 아니냐를 규정하는 것이 아니라 비록 친일파로 지목을 받고 있다 하더라도 그 내면의 생각과 고민, 소망과 좌절이 어떠했는지 구체적으로 살펴보는 것"(조선일보 2010. 6. 6.)이란 내용을 어떻게 생각해야 할지 토론해 보자꾸나. 아빠도 찾아만 놓고 읽지 못한 이용우의 《프랑스의 과거사 청산》, 박지향의 《윤치호의 협력 일기》를 꼭 읽어 보고 싶구나.

지훈 네, 알겠어요. 저는 우선《친일파가 싫어요》를 먼저 읽어 볼게요.

한 가지 주제로 깊이 공부하는 힘

오늘의 사례는 한 주제로 4-5년 이상 꾸준히 공부했을 때, 인지적으로 우수한 초등학생의 경우 어른 못지않은 지적 수준에 이를 수 있다는 가능성을 보여 준다. 관련된 주제의 어려운 책들을 읽으며, 본인의 지적 능력과 분식력을 늘려 갈 수 있다.

이렇게 한 가지 질문과 주제에서 시작해서 역사, 문학, 사회, 언어 능력까지 확장시켜 나가는 것이 지금의 교육 현장에서 시도하려는 통합 교육, 융합 교육이기도 하다. 하지만 진정한 융합 교육은 각 과목의 기계적인 결합이 아니라, 바로 이렇게 탈무드식 역사 토론 방식을 통해 한 가지 주제를 깊이 있게 파며, 여러 가지 관련된 학문이나 영역이 유기적으로 결합될 때 제대로 이루어질 수 있다.

자신의 역사와 기원, 문화를 모르는 민족은 뿌리가 없는 나무와 같다.

A people without the knowledge of their past history,

origin and culture is like a tree without roots.

_마커스 가비(Marcus Garvey)

역사 하브루타를 하면
생기는 질문들

01 책을 싫어하는 아이와의 하브루타 I

탈무드식 독서 토론을 하다 보면 다양한 성향의 아이들을 만나게 된다. 한시도 자리에 앉아 있지 못하는 아이도 있고, 너무 내성적이어서 필자의 질문에 '네', '아니오'만 간신히 대답하는 아이도 있다. 많은 엄마, 아빠들이 이상적으로 생각하는 아이의 모습은 집중해서 책을 읽고, 주도적으로 질문을 만들어 오고, 필자나 부모와의 토론에도 적극적으로 임하는 '똘똘한' 아이이다. 하지만 이런 똘똘한 아이는 현실 속에 그리 많지 않다. 똑 소리 나게 토론을 잘하지 않더라도 최소한 책을 같이 읽고, 차분히 앉아서 이야기를 나누면 좋겠는데, '최소한'도 하지 않는 아이들이 많다. 그러면 이러한 아이들과의 하브루타나 탈무드식 토론을 어떻게 해야 할까?

탈무드식 토론을 하는 이유는 무엇인가?

먼저 우리가 아이들과 하브루타나 탈무드식 토론을 하는 이유가 무엇인지 다시 한 번 점검할 필요가 있다. 이 책에서 반복하여 이야기하지만 필자가 말하는 '인성 하브루타', '탈무드식 독서 토론'의 목적은 시험을 잘 보거나 인지 공부를 잘하기 위한 지식을 쌓는 것이 아니다. 이 세상에서 '왜 살고, 어떻게 살아야 할지'에 대한 인문학적 토론을 역사라는 일관된 주제로 아이와 꾸준히 하기 위함이다. 가장 이상적인 것은 책을 읽고 토론하는 것이지만, 아이가 아직 차분히 앉아서 책을 읽을 준비가 안 되어 있다면 다른 보조적인 수단을 활용할 수 있다.

우선 가장 좋은 방법은 유적지나 박물관을 돌아보며 해당 주제의 역사에 대해 이런저런 이야기를 나누는 것이다. 책이 글자로 표현된 간접 경험이라면 눈으로 보고 만져 보는 것은 직접 경험이다. 어떤 분들은 대단한 주제가 아닌 일상에서 있었던 일이나, TV나 뉴스에서 나왔던 사회적 관심사로 하브루타를 시작해 보라고 한다. 하지만 이런 '절충'은 부모 자식 간의 대화가 너무 없어서 어쩔 수 없이 쓰는 편법이지, 탈무드식 토론을 통해 인생의 의미를 함께 배운다는 하브루타의 본래 취지와는 상당한 거리가 있다.

유대인은 책을 보기 싫어하는 아이를 어떻게 가르칠까?

여기서 우리가 벤치마킹 대상으로 생각하는 유대인의 자녀 교육 방법을 보면 왜 현대의 많은 부모들이 자녀 교육을 어려워하고, 자녀와 제대로 된 소통이 안 되는지 근본적인 답을 찾을 수 있다. 유대인은 책을 보기 싫어하는 아이와 어떻게 소통할까? 그들도 역사 유적지나 박물관을 보여 주는 식으로 교육할까?

정통파 유대인 가정의 삶을 보면 왜 그들은 책을 보든 안 보든 관계없이 아이들과의 질문과 토론이 자연스럽게 되는지 쉽게 이해할 수 있다. 정통파 유대인 가정의 아이들은 아침에 일어나서 저녁에 잘 때까지 삶 전체가 수많은 체험과 실습으로 되어 있다. 우선 모든 아이들은 아침에 일어나 눈을 뜨면 머리맡에 놓아 둔 물로 손을 정결하게 씻어야 한다. 남자아이들은 아빠나 할아버지를 따라 회당에 가서 어깨에 숄을 두르고, 이마와 팔에 테필린(tefillin)이라는 기도함을 두르고 기도한다. 또한 방을 나설 때마다 문설주에 있는 메쥬자(mezuzah)라고 하는 작은 말씀함에 손을 대고 드나들어야 한다.

이런 하루의 일상뿐 아니라 매주 안식일마다 가족이 모여 같이 기도하고, 손을 씻는 정결 의식을 하고, 촛불을 켜고, 빵과 포도주를 나누는 안식일 식탁을 지킨다. 여기에 더해 거의 한 달에 한 번꼴로 있는 명절에도 다양한 활동이 있다. 하누카(Hanukkah)라는 명절에는 큰 촛대를 같이 세워서 불을 붙이고, 부림(Purim)절에는 성경의 에스더(Esther)서를 같이 읽으며, 하만(Haman)이라는 이름이 나올 때마다 노이즈 메이커로 '딱딱' 소리를 내는 일종의 놀이를 한다.

이렇게 다양한 활동이 있으니 아이에게 왜 이런 활동과 의식을 하는지 설명하고, 다시 확인하는 질문을 하는 일이 자연스럽게 반복된다. 평소에는 대화 한 마디 없다가 갑자기 책을 한 권 펼쳐 놓고, 질문하고 답하는 모습이 아니다.

아이에게 전달할 가치와 문화가 있는가?

아이와 소통하고 대화할 만한 이야깃거리가 없다는 것은 그만큼 우리 안에 아이와 다음 세대에게 전달할 만한 가치와 문화가 빈곤하다는 반증이다. 현대인이 유대인에게 배울 점은 바로 여기에 있다. 여러 우여 곡절을 겪었지만 유대인은 수천 년간 그들의 전통을 지금까지 지켜 왔다. 반면 많은 현대인은 조상들이 물려준 전통을 제대로 지키고 계승 발전시키지 못한 것이다. 우리도 조상들이 물려준 좋은 전통이 있었다. 아침에 일어나 부모님께 문안하고, 식탁에 앉아서는 부모님이 먼저 드시기를 기다리고, 추석이나 설날, 단오나 동지섣달에 다양한 의미의 행사가 있었다. 왜 추석에는 송편을 먹고, 설날에는 떡국을 먹는지, 왜 동지섣달에는 팥죽을 먹는지를 설명하며, 우리의 문화와 전통을 아이들에게 전수하고 공유하며 소통했다.

하지만 일제 강점기와 급격한 산업화를 거치며 우리는 이런 전통을 점차 잃어 갔다. 아이들은 아이돌 댄스를 추고, 엄마는 드라마를 보고, 아빠는 야구 경기를 보며 서로 소통할 수 있는 중심이 없어졌다. 이런 상업화된 엔터테인먼트는 속성상 상대의 시간을 빼앗아 돈을 버는 것이 목적이기에 다음 세대에 전달할 만한 가치를 담지 못한다.

그렇기에 우선 신앙이 있는 가정에서는 자신들이 가지고 있는 신앙과 문화를 아이들과 공유하며 소통의 기회를 갖는 게 중요하다. 신앙이 없는 가정이라면 차선책으로 필자가 이야기한 것처럼 우리 역사를 주제로 아이들과 소통할 기회를 만들어, 우리는 왜 살고, 어떻게 살아야 할지에 대한 생각을 나눠야 한다.

결론적으로 문제는 아이가 책을 안 보는 게 아니라 내가 부모로서 아이에게 전할 만한 콘텐츠가 많이 없는 것이다. 내가 아이에게 전할 만한 가치나 문화가 있다면 그 방법이 책이든, 직접 몸으로 하는 체험이든, 산책하며 나누는 대화가 되었든 좀 더 다양하게 찾아볼 수 있다. 겉으로 드러나는 문제만 보지 말고 근본적인 원인을 제대로 살펴보자.

02 책을 싫어하는 아이와의 하브루타 II

책을 보기 싫어하는 아이라면 책을 보기 전에 아이의 몸과 마음을 먼저 챙길 필요가 있다. 사람은 영과 혼을 가진 '동물'이다. 영과 혼이 있기 때문에 동물과 다른 삶을 살 수 있지만, 영과 혼만 만족한다고 온전한 삶이 살아지지 않는다. 책을 읽고 토론한다는 것은 고도의 인지 작용이자 복잡한 대뇌 활동이다. 이 고난도 작업이 잘 이뤄지기 위해서는 몸과 마음의 채움이 먼저 있어야 한다. 비유를 하자면 몸과 마음은 컴퓨터의 하드웨어이다. 중앙 처리 장치의 속도가 빠르고 메모리 용량이 커야 컴퓨터가 잘 작동한다. 인지적인 공부는 소프트웨어이다. 하드웨어가 좋아야 소프트웨어가 잘 돌아간다. 아이의 몸과 마음이 채워지지 않은 상태에서 책을 읽어 주고 토론을 강요하는 것은, 하드웨어는 갖춰져 있지 않은데

최신 소프트웨어만 열심히 돌리려는 것과 같다.

이런 관점에서 책을 보기 싫어하거나 진지한 토론을 싫어하는 아이를 보면 많은 부분이 이해된다. 산만하고 가만히 앉아 있기 힘든 아이들은 몸의 채움이 부족하다는 것이다. 아이에게는 자연으로부터 오는 충분한 자극이 필요하다. 독서가 마음의 양식이라면 자연 속에서의 활동과 놀이는 몸에 최고의 양식이다.

하지만 요즘 아이들은 이 몸의 양식을 제대로 먹지 못한다. 대부분의 아이들이 어려서부터 좁은 실내 공간에서 삶을 시작한다. 아이가 걷기 시작할 때부터 주로 듣는 말이 "만지지 마, 뛰지 마, 소리 지르지 마!"이다. 입으로 들어가는 밥이 음식이라면 뇌에 들어가는 밥은 충분한 오감의 자극이다. 손으로 만져 보고, 발로 뛰어 보고, 혀로 말해야 한다. 인간의 대뇌 신피질에서 몸의 각 영역이 차지하는 실질적인 양을 인체 모형으로 표현한 호문쿨루스(Homunculus, 뇌반구 인체모형)를 보면, 대뇌로 들어가는 제일 중요한 세 부분의 자극 통로는 손과 발, 그리고 혀다. 아이들은 만지고, 뛰고, 소리 질러야 한다. 이걸 못 하게 하고 계속 좁은 공간에 가두니 이상한 아이들이 점점 늘어날 수밖에 없다.

기질적으로 차분하고 오감 자극이 적어도 뇌가 덜 배고픈 아이들이 있다. 이런 아이들은 나가기 싫어하고 집에서 책 보는 것을 좋아할 수 있다. 하지만 대부분의 아이들은 자연 속에서 '태양'과 '바람', '바위와 흙'이 주는 에너지를 먹고, 오감의 자극으로 뇌가 충분히 배불러야 한다. 그렇게 몸이 채워지고 난 후에 책을 읽어 주고, 공부를 시켜야 독서도 공부도 제대로 된다.

필자가 매년 가는 필리핀 오지의 신앙 공동체에는 어린 아이들이 여러 명 있다. 아이들은 학교에 다녀온 후 들로 산으로 마음껏 뛰어 놀고 집에 온다. 밥을 먹고 하루 일과를 마친 후 저녁에는 가족들이 모여 성경을 읽는다. 이때 "엄마 책 읽지 말고 나랑 놀아 줘"라고 말하는 아이는 단 한 명도 없다. 충분히 몸 쓰기를 통해 오감의 자극을 채웠기 때문에, 책 읽는 시간에 더 이상 오감의 자극을 채울 필요가 없기 때문이다. 그리고 어른들이 여러 가지 이야기를 나누는 동안 어린 아이들은 대부분 곯아떨어진다. 모임이 끝날 무렵 부모들은 곯아떨어진 아이들을 등에 업고 각자의 숙소로 돌아간다.

반면 우리 아이들의 모습은 어떤가? 게임, TV, 유튜브를 통한 가벼운 즐거움에 신경을 빼앗기고, 자연 속에서 제대로 오감의 자극을 받지 못한 아이들은 밤에 잘 자지 않는다. 그러고는 피곤한 엄마, 아빠에게 끊임없이 단순 반복적인 놀이를 하며 놀아 달라고 보챈다.

집이나 도서관에서 책을 읽어 주려고 하는데 한시도 가만히 앉아 있지 못하는 아이라면 먼저 자연 속에서 충분히 놀거나 최소한 운동이라도 열심히 해야 한다. 오감의 자극과 운동으로 뇌를 피곤하게 하고, 몸이 원하는 운동량을 충분히 채울 필요가 있다. 물론 아이가 과잉 행동 성향 같은 특수한 경우도 있다. 그런 경우는 특별한 관찰과 전문적인 치료가 필요하다. 여기서는 이런 특수한 상황이 아니라 보편적으로 아이가 잘 앉아 있지 못하고, 책을 보기 싫어하는 경우를 말하는 것이다.

둘째, 마음의 채움은 결국 부모와 주변 사람으로부터의 온전한 인정과 사랑이다. 내향적인 것을 넘어 소극적이고 표현을 안 하는 아이들은 대부분 어른들과 이야기할 때 눈을 잘 맞추지 못한다. 무언가 위축되어 있고 경계하는 모습이 많다. 그 원인이 어디에 있을까를 두고 많은 분석이 가능하다. 태교와 출산 과정, 모유 수유와 0-3세 애착 형성, 이후 부모의 양육 태도 등등 분명히 어딘가에서 문제가 있었고, 작은 문제들이 쌓여서 지금의 모습으로 나타날 수 있다. 하지만 이미 지난 과거를 돌이킬 수는 없고 중요한 것은 앞으로다. 필자는 종종 "모든 사람은 죽기 전까지는 희망이 있다. 살아 있다면 개선이 가능하고, 힐링이 가능하다."라고 말한다. 상처 없는 사람은 없다. 그 크기가 조금씩 다를 뿐이다. 문제는 상처가 있느냐 없느냐가 아니라 그 상처를 인지하고 고칠 마음이 있느냐이다.

유복한 가정에서 자랐는데 너무 소극적이고 표현이 없는 아이를 둔 부모를 만난 적이 있다. 이야기를 나눠 보니, 부부가 서로를 인정하지 못하고 교묘한 방법으로 서로를 비난하고, 현재 아이나 가정의 문제를 서로의 탓으로 돌리고 있었다. 필자는 아이 문제를 핑계로 가족 전체 상담을 권했다. 요즘에는 가족 간의 관계와 소통 양상을 살펴볼 수 있는 좋은 심리 프로그램이 많다. 아이들을 위한 그림이나 놀이 치료 방법도 많이 발달했다. '가족세우기' 같은 프로그램을 활용하면 가족 간에 서로 표현하지 못했던 속마음과 감정을 간접적으로나마 살펴볼 수 있다.

내가 엄마, 아빠에게 인정받고 사랑받는다는 확신이 없는데 엄마, 아빠와 같이 책을 읽고 싶을까? 그리고 내가 무슨 이야기를 해도 온전히 들어 준다는 확신이 없는데 엄마, 아빠와 하브루타나 탈무드식 토론을 하고 싶을까?

아이가 책을 보기 싫어하고, 말하기 싫어하는 많은 이유가 있다. 아이마다 그 원인과 해결책이 다를 것이다. 하지만 분명한 것은 모든 사람은 몸, 마음, 머리를 가지고 있다는 사실이다. 몸과 마음이 채워지지 않은 상태에서는 머리에 제대로 된 지식이 들어갈 수 없다. 책을 읽고, 토론하기 전에 먼저 아이의 몸과 마음이 얼마나 채워졌는가를 보는 것이 더 중요하다.

03 엉뚱한 질문을 하는 아이와는
어떻게 토론해야 하나요?

한번은 일제 강점기의 인물사를 주제로 역사 하브루타를 진행할 때의 일이다. 엄마와 진수(가명, 초등학교 3학년 남아)가 안중근 의사에 대해서 이야기를 나누고 있었다.

엄마   그래서 진수야, 안중근 의사가 누구에게 총을 쐈다고?

진수   이토 히로부미인가?

엄마   그래, 이토 히로부미. 이렇게 총을 쏴서 나쁜 사람을 없애는 것을 저격이라고 해. 알겠지? 저격. 그럼 어디서 저격했지?

진수   아, 거기가 어디더라….

엄마   아이 진짜 좀 전에 이야기해 줬잖아. 지금 중국에 있는 어떤 도시라고… 생각 안 나?

진수 (별 생각 없이) 엉, 생각 안 나.

엄마 얘가 정말, 하얼빈이잖아, 하얼빈!

진수 (갑자기 생각난 듯) 근데 엄마, 하얼빈 추워?

엄마 (화가 나서) 뭐라고? 지금 안중근 공부하는데 그게 무슨 상관이야. 춥고 안 춥고가 왜 중요해. 지금 공부할 것도 많고, 내용 파악한 다음에 '안중근 의사는 테러리스트인가'라는 주제로 짧은 논술도 써 봐야 하는데 왜 쓸데없는 걸 묻고 그래.

진수 (기가 죽어서) 아니 그냥, 안중근 의사 그림책 보니까 다들 겨울옷 입고 있는 것 같아서….

역사를 주제로 부모와 자녀가 토론을 하라고 하면 이런 모습이 종종 보인다. 엄마나 아빠는 아이에게 무언가 가르치고 지식을 전달하려 하고, 아이는 그런 부모의 기대에 부응하지 못하고 엉뚱한 질문을 한다. 하지만 아이가 하는 질문에 엉뚱한 것은 없다. 다 물어보는 이유가 있고, 하고 싶은 이야기가 있다. 하지만 정해진 시간에 무언가를 끝내고 정해진 답을 찾아야 한다는 강박 관념이 강한 우리나라 부모들은 이렇게 아이가 샛길로 빠지려고 하면 불편해한다. 하지만 필자는 역사 하브루타에서 이런 '샛길'을 장려한다. 엉뚱한 질문처럼 보이지만 아이가 자기 생각을 풀어 가는 작은 시작일 수 있고, 어른들이 가진 고정 관념을 깨는 또 하나의 창의적인 질문일 수 있다.

토론 분위기가 좀 험악해지는 것 같아서, 엄마와 아이의 대화에 필자가 잠깐 개입했다.

심   아니에요, 어머니. 아주 좋은 질문인데요. 제가 한번 이어서 이야기
        해 볼게요. 그래 진수야, 하얼빈은 추운 곳일까 아닐까?

진수   (삐져서) 몰라요.

심   그럼 먼저 하얼빈이 어디 있는지부터 찾아봐야 할 것 같은데, 진수
        가 가지고 있는 책에 하얼빈 위치가 있는 지도가 있니?

진수   네, 있었던 것 같은데요.

심   하얼빈 여기 있네. 서울은 여기 있고, 블라디보스톡은 우리 두만강
        앞에 있고. 그런데 하얼빈은 북한에서 제일 춥다는 개마고원보다
        훨씬 높이 있고, 중국에서도 거의 러시아 가까운 쪽에 있네. 그러면
        하얼빈은 추운 곳일까 아닐까?

진수   추울 것 같아요.

심   그리고 안중근 의사가 이토 히로부미를 저격한 때가 1909년 10월
        26일이라고 해. 10월이면 우리나라는 겨울이니 가을이니?

진수   겨울이요. 아니, 가을인가?

심   우리나라에서는 보통 가을이라고 하지. 9, 10, 11월을 가을, 12, 1,
        2월을 겨울이라고 하니까. 하지만 우리나라도 10월 말에 가끔 굉장
        히 추울 때가 있는데, 우리나라보다 훨씬 북쪽에 있는 하얼빈은 추
        었을까 안 추웠을까?

진수 (자신감 있는 목소리로) 추웠을 것 같아요.

심 그래, 그럼 하얼빈은 추운 곳인 것 같구나. 그런데 진수는 왜 갑자기 하얼빈이 추운지 궁금했어?

진수 제가 사실은 기차 타는 걸 좋아하거든요. 근데 추운 건 싫어요. 춥지 않으면 나중에 기차 타고 하얼빈 갈 수 있나 해서요. 그리고 그림책에서 보니까 이 기차가 은하철도 999 같은 기차인데, 지금도 이런 기차가 있나 궁금하기도 해서요.

심 와, 그것 정말 멋진 계획이다. 사실 선생님 인생 계획 중 하나가 블라디보스톡에서 하얼빈을 거쳐 시베리아 횡단 열차를 타고 유럽까지 가 보는 것이거든. 그리고 앞으로 통일이 되면 부산이나 서울에서 출발해서 모스크바까지 가는 일이 가능할지도 몰라.

진수 (걱정스러운 듯이) 근데 추우면 안 되는데.

심 그럼 더운 여름에 가면 되지. 오히려 여름에는 한국은 덥지만, 러시아나 시베리아는 시원할 것 같은데.

진수 (눈이 동그래지며) 그래요?

심 아직 선생님도 가 보지 않았고, 자세히 자료를 찾아보지 않아서 잘 모르는데, 우리 언젠가 돈을 모아서 죽기 전에 한 번 시베리아 횡단 열차를 타 보자.

진수 (신 나서) 네, 그래도 좋을 것 같아요.

이렇게 이야기해 보니, 진수는 기차 타는 것을 좋아하는 아이임을 알 수 있었다. 그림책에 나오는 옛날 기차가 신기해서 하얼빈에 가면 '지금도 옛날 기차를 탈 수 있지 않을까'라는 생각을 했다. 다른 한편으로는 추위를 싫어하는 아이임을 알 수 있었다. 부모도 평소에 알았을 수도 있지만, 대화 시간이 부족한 부모였다면 이런 대화를 통해 아들이 무엇에 관심이 있는지, 무엇을 싫어하고 좋아하는지도 알 수 있는 기회가 된다.

우리가 역사 하브루타를 하는 궁극적인 이유는 아이에게 역사 지식을 전달하려고 함도, 역사 시험을 잘 보게 도와주려 함도 아니다. 역사를 주제로 우리가 왜 살고, 어떻게 살아야 할지를 생각해 보려는 것이다. 대화가 깊어지지 않더라도 적어도 엄마, 아빠는 어떤 생각을 하고, 아이들은 어떤 생각을 하는지 알 수 있는 소통의 장이 된다. 그렇기에 아이가 자라고 좀 더 성숙한 대화가 이어질 때까지 어느 정도 엉뚱한 질문, 주제에서 벗어난 질문도 너그럽게 봐 주자. 우리가 하는 역사 하브루타는 진도도 없고, 수업 시간도 정해져 있지 않다. 이번에 못한 것은 다음 주에 해도 되고, 올해 못하면 내년에 비슷한 주제를 다룰 때 다시 한 번 깊이 생각해 볼 수 있다. 학교나 학원이 아닌, 가정에서 부모와 자녀가 토론하기 때문에 가능한 일이다.

아이의 질문에서 얻은 창의적인 생각

역사 하브루타 모임을 오랫동안 함께한 경원아빠가 6살 경원이에게 광개토대왕에 대해 설명할 때였다.

아빠	그래서 경원아, 광개토대왕은 북쪽에 있는 다른 민족을 무찌르고 영토를 확장했대. 그리고 일본이 신라를 쳐들어왔을 때 신라에도 구원병을 보내서 일본 왜구를 물리쳤대.
경원	근데 아빠, 사람들이 왜 싸워?
아빠	어? 왜 싸우냐고?
경원	아빠는 나 보고 싸우지 말라고 하는데 싸우는 게 좋은 거야?
아빠	아, 이건 싸우는 게 아니고 전쟁한 건데, 전쟁이 뭔지 알겠어? 전쟁은 싸움하고는 좀 다른 거야. 예를 들어서 다른 나라 사람들이 우리나라를 쳐들어오면 우리 생명과 재산을 지키기 위해서 싸워야 하잖아. 근데 가만있어 보자. 왜구는 우리나라를 침입한 게 맞는데, 숙신이나 다른 부족들도 고구려를 쳐들어와서 싸운 건가? 아니면 광개토대왕이 먼저 나가서 싸운 건가? 아빠도 헷갈리네….

경원아빠는 경원이의 예상치 못한 질문에 너무 당황스러웠다. 그리고 곰곰이 생각해 보니, '우리는 정복의 역사를 자랑스러워하고, 광개토대왕의 업적이나 고구려의 영토 확장을 우리나라 역사의 영광스러운 순간으로 기억하는데, 어찌 보면 이런 정복 전쟁은 정복을 당한 부족이나 민족 입장에서는 무고한 사람들의 피를 흘린 또 하나의 침략 행위 아닌가? 그러면 이렇게 고구려의 정복 전쟁은 미화하고, 우리가 침략당한 역사는 비난하는 게 맞는 건가?'라는 의문이 들었다.

가끔 순수한 마음을 가진 아이들과 역사 토론을 하다 보면 이런 고정 관념을 깨는 질문과 예상치 못한 생각거리를 마주할 때가 있다. 몇 십 년 동안 너무나 당연하게 생각했던 것을 다시 한 번 생각하게 되고, 한쪽에서만 보던 역사적 사실을 반대편에서 볼 수 있는 새로운 시각을 얻기도 한다. 어떤 때는 아이의 질문을 통해서, 또는 자신이 아이에게 역사적 사실이나 의미를 설명하면서 또 다른 질문이 생기기도 한다.

그렇기에 아이와의 공부는 내가 아이에게 무언가를 가르쳐 주는 것뿐 아니라, 아이를 통해서 새로운 것을 배울 수 있는 기회이기도 하다. 좀 더 깊이 생각해 보면, 아이는 내가 가르치고 인도해야 할 대상이 아니라, 아이를 통해서 새로운 세상을 볼 수 있는 통로이기도 하다. 아이가 없었다면 내가 보고, 들은 대로만 생각하고, 이전의 습관대로 살았을 것이다. 하지만 아이가 있음으로 인해서 아이의 눈으로 세상을 새롭게 볼 수 있고, 아이 덕분에 좀 더 나은 내일을 살아 보려는 의지를 갖기도 한다. 역사 하브루타가 단순히 아이뿐 아니라, 아빠와 엄마 모두에게 필요한 이유이기도 하다.

04 자기가 좋아하는 책만 읽으려는
아이는 어떻게 해야 하나요?

필자는 "아이가 자기가 좋아하는 책만 읽으려고 하는데 괜찮은 걸까요?"
라는 질문을 종종 받는다. 이런 질문의 이면에는 아이가 특정 분야의 책
만 아니라 다양한 주제의 책을 골고루 읽었으면, 특히 만화책이나 공룡
책 등 흥미 위주의 책이 아닌 교과서나 학교 공부에 도움이 되는 책을 좀
더 읽었으면 하는 엄마, 아빠의 바람이 있다.

대화와 소통을 통한 해결 방법 찾기

이런 경우 가장 이상적인 해결 방법 중 하나는 아이와 이 문제에 대해서
좀 더 진솔한 대화를 나누는 것이다.

부모	현우는 오늘 무슨 책 봤니?
현우	공룡책이요.
부모	와, 오늘 공룡책 봤구나? 그럼 어제는 어떤 책 봤니?
현우	어제도 공룡책이요.
부모	와, 어제도 공룡책 봤구나! 그런데 엄마는 현우가 매일 공룡책만 보는 게 약간 염려스러운데 왜 그럴까?
현우	왜요, 책 안 보는 것보다 낫잖아요?
부모	그럼! 책 안 보고, TV만 보거나 게임하는 것보다는 훨씬 낫다고 생각하는데, 좀 더 다양한 주제의 책을 읽어야 학교 공부도 재미있게 하고, 다양한 주제에 관심을 갖지 않을까 하는 생각이 들어서…."
현우	학교 책은 재미없어요!
부모	아, 학교 책은 재미없구나, 왜 재미없다고 생각하니?
현우	어려운 말이 너무 많이 나와요.
부모	아! 어려운 말이 너무 많이 나와서 어렵고 재미가 없구나. 그럼 좀 더 재미있게 공부할 수 있는 방법은 없을까?
현우	어떻게요?
부모	예를 들어서 어려운 말을 미리 공부해서, 선생님 설명을 좀 더 잘 이해할 수 있게 준비해 보는 것은 어떨까?

이런 식으로 대화하며 아이가 왜 한 주제나 한 종류의 책에만 집착하

는지, 왜 학교 공부는 소홀히 하는지에 대한 원인을 찾아보고, 그 해결 방법을 아이 스스로 찾게 하는 것도 한 가지 방법이다.

다독보다는 한 주제를 깊이 있게 공부하는 유대인 독서법

유대인 교육 원리 측면에서 한 가지를 덧붙이면, 유대인 가정에서는 일 반적인 아동 문학 전집이나 역사 전집을 사 두지 않는다고 한다. 정통파 유대인 가정에 꽂혀 있는 아이들 책은 아이 자신의 기도서와 유대인으 로 어떻게 살아야 할지를 설명하는 동화책 같은 것이다. 그리고 아빠와 매일 혹은 일주마다 공부하는 책은 토라와 탈무드라고 하는 그들의 경 전이다. 아이들에게 위인전을 읽어라, 아동문학 전집을 읽어라, 과학 서 적을 읽으라고 강요하지 않는다.

12살 이전까지는 토라와 탈무드(정확히 '미쉬나'라는 부분) 같은 자신들 의 삶의 방식에 대한 일관된 주제를 계속 반복하며 깊이 있는 교육을 한 다. 그 가운데 어휘력과 표현력을 늘리고 생각하는 힘을 기른다. 또한 언 어, 수학, 과학, 역사에 대한 다양한 지식을 조금씩 늘려 가라고 하지 않 는다. 결국 그런 과목들은 학교에 가서 공부하거나 본인이 관심을 가지 고 공부할 영역이다. 가정이나 그들의 공동체에서 모든 아이들에게 같은 강도로 가르쳐야 한다고 생각하지 않는다.

필자는 이 원리를 '원소스(one source) 교육'이라고 한다. 중심이 되 는 한 과목, 인성을 배울 수 있는 한 과목을 깊이 있게 공부하며, 자연스

1 아침에 일어나서 해야 할 일을 보여 주는 동화책
2 안식일을 아빠와 함께 지키는 모습을 보여 주는 동화책

럽게 다른 주제로 관심사를 넓혀 가는 방법이다. 비슷한 개념의 독서법으로 '슬로우 리딩(slow reading)'이 있다. 간단히 말하면 한 권의 책을 백 번 읽는 것이다. 다양한 주제의 책 100권을 두루 읽으라고 하지 않는다. 어떤 면에서는 이것이 우리나라나 다른 문명국가들의 전통 교육 방법이었다. 소학이나 논어를 100번 읽고 암송하는 방법이었다. 지금은 배워야 할 지식과 정보가 많아서 이런 방식의 교육이 무가치해 보이지만 적어도 초등학교 단계에서는 원소스 교육으로 한 주제에 대해 깊이 공부하고, 그 과정에서 어휘력과 표현력을 기르는 게 여전히 중요하다.

여기서 한 가지 주의할 점은 공부의 주제가 과학이나 기술, 혹은 단편적인 지식이나 흥미 거리가 아니라는 것이다. 내가 왜 살고, 어떻게 살아야 하는지 질문에 답할 수 있는 인문학적 주제여야 한다. 유대인에게는 토라, 탈무드라는 그들의 경전이었고, 우리 조상들에게는 유교 경전이었다. 현대 사회에서는 우리에게 가장 보편적일 수 있는 주제가 바로 역사이다.

어떤 의미에서는 우리도 다시 이런 좋은 전통을 되살려서, 먼저 가정 중심으로 이런 '원소스 교육'이나 '슬로우 리딩'을 적용해 보는 것이 좋다. 원소스 교육을 통해 어휘력과 표현력을 기르고, 점점 자신의 관심 분야로 영역을 확대하며 책 읽는 즐거움과 공부의 즐거움을 깨닫게 된다.

05 연령대가 다른 아이들과
어떻게 하브루타를 할 수 있을까요?

가정에서 연령대가 다른 아이들과 함께 하브루타 토론을 하다 보면 여러 가지 어려움에 부딪힐 수 있다. 먼저 이야기의 초점을 어디에 맞춰야 할지가 애매하다. 특히 아이들의 나이 차가 많이 날수록 더 어렵다. 큰 아이한테 맞추면 작은 아이가 못 따라오고, 작은 아이한테 맞추면 큰 아이가 지루해한다. 둘 사이가 안 좋으면 토론이 아니라 난장판이 될 수도 있다. 이런 문제의 가장 좋은 해결 방법은 무리해서 모든 아이에게 맞는 내용으로 이야기하기보다, 한 번에 한 아이에 집중하는 전략을 쓰는 것이다. '하브루타'라는 말 자체가 '둘씩 짝을 지어 토론하는 친구'를 말한다. 기본적으로 1:1 교육이 원칙이다.

실제 정통파 유대인 아버지들은 각 아이들과 1:1로 탈무드 공부하는 시간을 따로 떼어 놓는다. 안식일 식탁이나 명절 때는 나이가 다른 여러 아이들과 같이 모여서 질문하고 이야기를 나누지만, 기본적으로 탈무드 공부는 아이 한 명씩 따로 하는 것을 원칙으로 한다. 이런 원리를 이용하여 다음과 같이 진행할 수 있다.

부모　　오늘은 우리 조선 시대 인물사에 대해서 공부하고 토론하기로 했지. 원래는 너희들 한 명씩 해야 하는데, 오늘은 그렇게 할 여건이 되지 못하겠구나. 그래서 오늘은 오빠인 진수를 중심으로 이야기하고, 다음 주에는 동생인 수진이 중심으로 이야기해 보자. 중간 중간에 수진이가 이야기하고 싶거나 질문하고 싶은 내용 있으면 답변해도 되는데, 그래도 이번 하브루타 주인공은 오빠임을 기억해 주렴. 그럼 진수야, 오늘은 어떤 인물에 대해 읽었니?

아이　　작년에 이순신 장군에 대해서 공부하면서 이순신 장군을 추천한 유성룡에게 관심이 생겼다고 했잖아요. 그래서 이번에는 유성룡 선생이 쓴《징비록》이라는 책을 읽었어요.

실제 이렇게 진행하다 보면 대화에 끼지 못한 아이가 지루해하거나, 지나치게 끼어들고, 같이 하고 싶어 하는 등 다양한 변수가 생길 수 있다. 너무 지루해한다면 토론하지 않는 아이는 나가서 놀게 하거나 본인이 하고 싶은 것을 하게 한다. 혹은 지나치게 같이 하고 싶어 하면 시간을 배분해서 30분은 오빠, 나머지 30분은 동생 하는 식으로 나누어 진행할 수도 있다. 핵심은 한 번에 한 아이에 집중해서 토론을 진행하는 것이다. 이렇게 하면 동생이 하는 모습을 보고, 형이 '아, 쟤가 저런 생각도 하는구나'라는 생각을 하고, 동생은 '역시 형의 질문이 날카롭고, 확실히 나보다 나은 부분이 있구나'라고 생각할 수 있다. 나이 어린 아이들이 던지는 창의적인 질문에 형이나 부모가 깜짝 놀라는 경우도 많다.

아이가 많을 때 한 번에 한 아이에 집중한다는 원칙은 하브루타 토론뿐 아니라 양육이나 교육 원리에도 상당히 유용하다. 가끔 큰 아이들이 동생이 생긴 후 나이에 맞지 않게 떼를 쓰거나 어리광을 부리는 퇴행 현상을 보이곤 한다. 또는 동생을 질투해서 몰래 때리거나 못 살게 굴기도 한다. 자기에게 쏟아지던 관심이 동생에게 가는 게 싫거나 모든 가족들의 관심이 동생에게 쏠리면서 자기가 사랑받고 있지 못하다는 느낌이 들어서일 수도 있다. 이럴 때 큰 아이들도 부모에게 소중한 아이임을 알리는 기회를 자주 만들 필요가 있다.

세 아들과 홈스쿨링을 하는 김용성 교수는 아이와 여행을 갈 기회가 있으면 세 아이를 다 데리고 가기보다, 한 아이 하고만 간다고 한다. 지난번에 큰 애와 갔으면, 이번 여행은 둘째, 다음 여행은 셋째와 가는 식이다. 각각의 기회를 통해 그 아이와 더 많은 이야기를 나누고, 아빠를 독점할 시간을 준다. 이렇게 하면 부모도 다같이 있을 때 봤던 아이의 모습과 다른 그 아이만의 독특한 모습을 새롭게 발견할 수 있다.

비슷한 방법으로 다른 지인은 마트에 가거나 외출할 때, 아이들을 다 데리고 가기보다 엄마나 아빠 한 사람은 집에 남아 다른 아이들을 돌보고, 한 번에 한 아이 하고만 외출한다. 오고 가며 그 아이와 많은 이야기를 나누고, 아이스크림을 사 먹거나 둘만의 추억을 만들 수 있는 곳에 들르기도 한다.

동생이 있기 전까지는 큰 아이도 그만큼의 관심과 사랑을 받고 자랐다. 하지만 어린 아이들이 합리적으로 '이번에는 동생에게 사랑과 관심이 가는 거니까 나는 나대로 잘 지내야지'라고 생각하기 쉽지 않다. 오히려 동생 때문에 자기가 관심을 못 받고, 나는 이 집에서 필요 없는 존재라는 오해를 할 수 있다. 그렇기에 될 수 있으면 엄마, 아빠가 아이에게 변함없이 소중한 존재임을 알리는 시간을 따로 가질 필요가 있다. 그런 면에서 1:1 하브루타를 계속하는 것은 이런 시간을 자연스럽게 만들 수 있는 좋은 기회이다. 아이가 한 살이라도 어릴 때부터 이런 문화를 집안에 만들어서, 아이가 마음을 열고 마음속에 있는 이야기를 할 수 있는 시간과 공간을 마련할 필요가 있다.

06 아이가 너무 어릴 때는
어떻게 하브루타를 해야 하나요?

아이가 어릴 때는 부모가 공부하는 시기

탈무드식 역사 토론에 관심을 갖는 가정이 자주 하는 질문 중 하나가 '취지가 좋아서 참석하고 싶은데, 아이가 너무 어려서 좀 크면 갈까 하는데 몇 살부터 참석이 가능한가요?'이다.

"보통 아이가 백일이 지나면 오기 시작하지요."라고 답을 드리면 깜짝 놀라면서, 말도 못하는 아이와 무슨 하브루타를 하냐고 반문한다. 그러면 필자는 다시 이렇게 말한다.

"0-3세는 아이가 배우는 것이 아니라 부모가 공부하는 시기이지요. 언제 공부해서 선생님처럼 아이와 풍성한 나눔을 할 수 있냐는 말을 자주 듣습니다. 그런데 부모가 3년 정도 꾸준히 독서 토론 모임에 참석해서 다른 가정이 하는 모습을 보고, 다양한 연령대와 기질을 가진 아이들이 부모와 토론하는 모습을 보면, 아무리 역사에 대해 아는 게 없고, 토론의 '토'자도 모르는 부모도 아이가 말을 하고, 이야기를 듣고 이해할 수 있는 나이가 되면 충분히 토론을 시작할 수 있지 않을까요?"

자연스러운 습관을 만드는 시기

0-3세 때는 아이가 이런 독서 토론 모임을 문화와 삶의 습관으로 받아들이게 하는 좋은 시기이다. 한 달에 최소한 한 번 엄마, 아빠와 도서관에 같이 가서 다른 가족들과 독서 토론을 하고, 하루 종일 도서관에서 자기가 보고 싶은 책을 보고, 엄마, 아빠와 밀린 이야기를 하는 우리 가족만의 문화를 만들 수 있다. 이렇게 어려서부터 독서 토론이 습관이 되고 문화가 되면, 혹 사정이 있어 독서 토론을 못 할 경우 어색하고 아쉬운 마음이 저절로 든다.

3살 때부터 독서 토론 모임에 꾸준히 참석한 경원이는 처음 몇 달은 토론 분위기에 잘 적응하지 못했다. 아빠가 발표하려고 할 때마다, '아빠, 아빠' 부르며 방해하거나, 토론장을 돌아다니면서 집중하지 못했다. 다음 해가 되니, 아빠가 발표할 때는 자리에 앉아서 듣고, 그 다음 해에는 아빠의 발표 시간이나 필자가 하브루타 시현하는 시간에 자신이 좋아하는 그림을 그리며 자리를 지키고 앉아 있다.

국립 어린이 청소년 도서관에서 모일 경우 하브루타 시현과 다른 아이들이 발표하는 시간이 지루하고 힘든 아이들은 1층 개가식 열람실에서 놀게 하거나 자기가 좋아하는 책을 보게 한다. 너무 산만한 아이들은 도서관 다른 공간이나 근처 국기원에 가서 놀라고도 한다. 우선 이렇게라도 한 달에 한 번씩 도서관에 꾸준히 가고, 엄마, 아빠와 책을 같이 읽고 토론하는 습관을 만드는 것이 중요하다.

인지 토론 이전에 본을 보여 주는 삶

아이가 너무 어려서 함께 책을 읽을 수 없고 공통된 대화 거리를 찾기 힘들다면, 본인이 일상생활 가운데 아이에게 전수하고 싶은 삶의 방식이나 가치를 주제로 이야기를 나누면 된다. 앞에서도 설명한 대로 정통파 유대인의 삶은 하루의 일상 가운데 이런 주제가 차고 넘친다. 아침에 눈을 뜨자마자 아이들은 머리맡에 놓은 큰 컵으로 손을 씻고 기도한다. 남자아이들은 머리에 키파라는 작은 모자를 쓰고, 찌찌라는 술이 달린 속옷을 입는다. 문 밖을 나설 때는 메쥬자라는 말씀함에 손 키스를 하고, 자기 자선함에 동전을 넣고 나간다.

이 모든 삶을 부모는 하지 않고 아이들에게만 시킬 수 있을까? 부모가 먼저 본을 보여 아이가 보고 따라 하게 하고, 왜 이런 번거로운 전통을 지키는지 설명하고, 질문을 통해 확인한다.

다른 종교관을 갖고 있거나 특히 형식이 아니라 마음이 중요하다는 생각을 갖는 분들은 '대충 살지 뭐 그렇게 복잡한 형식과 틀에 갇혀 사냐?'고 생각할 수 있다. 하지만 좋은 마음만 있다고 그 마음이 다음 세대에 저절로 전수되지 않는다. 틀과 형식은 마음을 담아 다음 세대에게도 그 가치를 전수하는 도구로써 교육적 기능을 한다. 필자는 종종 이 원리를 'Heart in Art'라고 표현한다. 아무리 마음이나 취지가 좋아도 그 마음을 담을 수 있는 적절한 형식이 없으면, 그 마음은 다음 세대로 전수될 수 없다.

이런 'Heart in Art'의 원리는 우리 전통 사회에도 있었다. 명문 사대부 가문의 경우, 자녀들이 아침에 일어나면 부모에게 큰 절을 하고 부모가 자는 방의 온도를 살폈다. 남자가 밖에 나갈 때는 갓을 쓰고 의관을 정제하고 나갔다. 부모가 부르면 큰 소리로 대답한 후 자기 모습을 보이고, 부모가 침을 뱉으면 흙으로 덮으라고 배웠다. 귀찮고 형식적일 수 있지만 사람으로서 올바른 예의라고 생각하는 삶을 실천하고, 이 모든 것을 왜 해야 하는지 아이들에게 설명하고 다음 세대로 전수했다.

물론 지금과 같은 현대 가정에서 조선 시대 양반가에서 행하던 예절을 따르고, 우리와 종교와 문화가 다른 유대인처럼 살아야 한다는 말은 아니다. 하지만 과연 부모인 우리들이 아이들에게 또 손자들에게 대대손손 전하고 싶은 우리 가족만의 가풍이나 전통이 될 만한 생활 습관이 있는지 살펴볼 필요가 있다.

우리 가족은 밖에 나갔다 와서는 반드시 손을 씻는다든지, 감기에 걸렸을 때는 지나치게 약에 의존하기보다 푹 쉬면서 보온과 소식으로 면역력을 높이고 자연 치유되기를 기다린다든지, 각종 첨가물이 들어간 가

공 식품은 될 수 있으면 먹지 않고, 자연에서 얻을 수 있는 음식을 먹으려고 한다든지 하는 우리 가정만의 전통을 만들 수 있다. 일주일에 한 번씩 가족 식사와 대화 시간을 갖고, 가족 식탁 자리에서 효도 자선함으로 돈을 모아 할아버지, 할머니 생신 때 아이들 이름으로 선물을 드린다거나, 자신의 생일 때 파티할 비용으로 복지 단체에 기부하는 전통을 만들 수도 있다. 이런 거창한 것이 아니더라도, 아침에 일어나 물 한 컵은 반드시 마시고, 우리 가족만의 체조나 운동을 하거나, 자기 전에 명상하고 자는 습관을 아이들과 같이 실천할 수 있다. 한 달에 한 번 탈무드식 역사 토론을 하는 모임에 참석하거나 모임을 만들어 보는 것도 우리 가족을 넘어서 다른 가정과 함께하는 전통이 될 수 있다.

전통은 과거의 것을 무조건 따르는 것이 아니라, 지금 시대에 맞게 전수하려는 가치를 적절한 틀에 담아 다음 세대에 전하는 것일 수 있다. 이렇게 우리가 먹고, 입고, 생활하는 가운데 아빠, 엄마가 중요하다고 생각하는 가치나 생활 습관을 형식을 갖춰 행하고, 아이에게 전수하고 교육하면 아이와도 자연스럽게 이런 주제로 소통이 가능하다. 그리고 아이가 크면서 다양한 주제에 대해 공부하며 우리가 행하는 모든 생활 습관을 왜 하는지에 대해 더 깊이 생각하는 기회를 가질 수도 있다.

나이가 아니라 부모 콘텐츠가 문제다

'아이가 너무 어릴 때는 어떻게 하브루타를 해야 하나요?'라는 질문에는 나이가 어리면 책을 읽을 수 없고, 책을 읽지 못하면 하브루타나 토론을 하기 힘들다는 전제가 있다. 우리가 하브루타를 '책'과 '인지'라는 좁은 틀 안에서만 보니 이런 문제가 생긴다. 계속 이야기하지만 하브루타의 본질은 지혜와 인성이고, 왜 살고 어떻게 살아야 하는지에 대한 나와 우리 가족만의 답을 찾는 과정이다. 책이 아니더라도 의미와 가치가 있는 나의 삶과 생활을 통해서도 나눌 수 있다. 문제는 아이의 나이가 아니라 아이에게 전할 수 있는 우리 안에 콘텐츠의 부족이다. 그래서 필자는 자주 '아이를 키우려고 하기 전에, 나를 키우자'는 말을 한다. 내가 아이에게 전하고 싶은 게 많고, 아이와 함께하고 싶은 게 많으면 굳이 다른 사람들이 하는 여러 연령별 프로그램을 아이에게 시킬 필요가 없다. 또 그런 것을 안 하고 있다고 염려할 이유도 없다. 가능한 아이가 한 살이라도 어릴 때 아이와의 원활한 소통을 통해 부모가 생각하는 좋은 습관과 전통을 최대한 많이 전수할 수 있는 준비를 하자.

07 역사만 공부하면 너무 편협해지지 않을까요?

학습량이 점점 늘어나는 현대 교육

이 책에서 말하는 대로 원소스 교육이나 하나의 뿌리가 되는 과목을 깊게 공부하라고 하면, 많은 부모들이 염려하는 점이 있다. 역사 하나만 공부하고 다양한 과목을 공부하지 않으면, 아이가 편협해지거나 독서에서도 편식이 나타나지 않을까라는 걱정이다. 실제 우리는 학교에서 많은 과목을 배운다. 국어, 영어, 수학, 사회, 과학, 음악, 예술, 체육, 그리고 몇몇 실용 과목들. 그런데 이 모든 과목이 과연 우리가 평생을 살아가는 데 꼭 필요한 것일까? 그리고 이 모든 과목을 아이들이 배우고 싶어서 배우는 것일까? 여러 가지 이유로 현재 교육 현장에는 학습 과목과 학습량이 너무 많아졌다. 실제 그 많은 과목과 학습량을 제대로 소화하는 아이들은 소수에 불과하다.

　가장 이상적인 인지 교육은 아이가 가진 질문과 관심에서 출발하여, 꼬리에 꼬리를 물며 다른 분야의 관심과 공부로 확장해 나가는 것이다. 그래야 몰입이 되고, 깊이 있는 공부가 가능하다. 이런 교육을 할 수 있는 가장 확실한 방법이 탈무드식 통합 역사 교육이기도 하다. 아래는 탈무드식 역사 토론을 통해 하나의 질문에서 다른 질문과 공부로 점점 확장한 몇 가지 사례이다.

관심 주제의 확장

초등학교 4학년인 시호가 신라의 삼국 통일에 대해 '신라가 통일하지 않고 고구려가 통일했다면 더 좋았을 것'이라고 발표했다. 이후 다음과 같은 대화가 오고 갔다.

심　　아 그렇구나. 그럼 고구려가 통일하면 어떤 점이 더 좋았을까?

시호　　우리나라도 강대국이 되었을 것 같아요.

심　　그럼 강대국이 되면 어떤 점이 좋지?

시호　　나라가 부유하고, 국민들이 행복해요.

심　　그럼 나라가 부유하고, 국민이 행복하려면 꼭 나라가 커야 할까?

시호　　네, 그런 것 같은데요. 미국이 그렇고, 또 음….

심　　그래, 그럼 지금도 큰 나라는 러시아, 중국, 호주, 브라질, 인도 등

시호	이 있는데 이 나라는 다 부유하고 국민이 행복할까?
	가만히 생각해 보니 미국이나 호주 정도만 그렇고, 나머지 나라는 잘 모르겠는데요.
심	그럼 반대로 생각해 볼까? 나라는 작지만 부유하고 국민들이 행복한 나라는 없을까?
시호	음, 스위스나 네덜란드 같은 나라 아닌가요?

이런 대화를 한 후 시호에게 다음 시간까지 '나라가 크냐, 작냐, 그리고 국력이 세냐, 약하냐를 기준으로 전 세계의 나라를 조사해 보는 것은 어떨까'라는 과제를 냈다. 다음 달 모임에서 시호는 다음과 같은 과제를 해 왔다. 그리고 발표에서 '나라가 크다고 반드시 국력이 센 나라는 아니고, 나라가 작은 가운데도 충분히 강한 나라를 만들 수 있다'는 것을 알게 되었다고 했다. 이번 조사를 통해 관심을 갖게 된 스위스에 대해 더 공부하고, 다음 달에는 우리나라와 스위스의 정치 체제 차이점을 조사해서 발표했다.

이렇게 역사에서 지리로, 지리에서 정치로 자연스럽게 관심과 공부가 확장되는 모습이 나타난다. 이것이 바로 요즘 통합 사회나 통합 과학 같은 교과목을 개설하고, 통합 · 융합 교육을 교육 현장에서도 시행하려는 이유이기도 하다. 차이가 있다면 우리는 가정에서 역사라는 인문학 텍스트를 가지고 인성 교육에서부터 시작해서 자연스럽게 인지적 관심(지식, 정보 교육)으로 발전한다는 것이다.

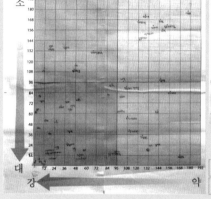

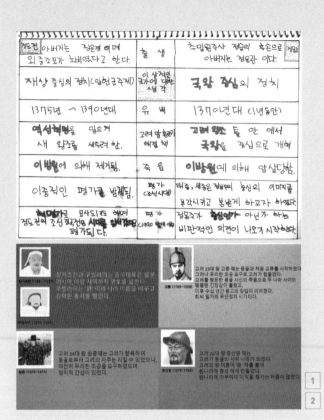

정도전		출생		정몽주
아버지는 정운경이며 외증조모가 노비였다고 한다.		출생	추밀원주사 정습의 후손으로 아버지는 정운관이다.	
재상 중심의 정치(입헌군주제)	이상적인 국가에 대한 생각		국왕 중심의 정치	
1375년 ~ 1390년대	유배		1370년대 (1년동안)	
역성혁명을 일으켜 새 왕조를 세우려 함.	고려 말 혼란의 해결책		고려 왕조 틀 안에서 국왕을 중심으로 개혁	
이방원에 의해 제거됨.	죽음		이방원에 의해 암살당함.	
이중적인 평가를 받게됨.	평가 (조선시대)		태종, 세종은 정몽주에 충신의 이미지를 부각시키고 본받게 하고자 하였다.	
□□□를 묘사되기도 하며 정도전의 조선 경국전이 시대를 앞서간 것이라고 평가된다.	평가 (1990년대 이후)		정몽주가 충신인가 아닌가 하는 비판적인 의견이 나오기 시작한다.	

메타인지 능력의 확장

이런 논리적 사고 연습을 한 경험은 이른바 메타인지 능력으로 발전하여, 다른 주제를 공부할 때 자기만의 방법을 찾는 데 큰 도움을 준다. 시호는 고려, 조선 시대를 공부하며 고려를 지키려고 한 정몽주와 조선을 건국하려고 한 정도전의 차이를 출생과 인생의 경험을 기준으로 비교하여 발표하였다. 또 파워포인트를 배운 이후에는 몽골의 고려 침입에 대한 내용을 프레젠테이션 자료로 만들었다.

유치원생도 할 수 있는 통합 교육

이런 통합 교육은 공부가 되는 일부 아이들만 할 수 있는 것이 아니다. 유치원 때부터 탈무드식 역사 토론에 참석한 하정이는 공부한 내용을 그림으로 정리해서 발표하곤 했다. 삼국 시대를 공부하며 신라의 골품제를 신분에 따라 입을 수 있는 옷의 색깔을 포함시켜서 표현했다.

심　　아, 아주 잘했어요. 그런데 옛날에는 어떤 방법으로 옷에 물을 들여서 다양한 색깔의 옷을 만들 수 있었을까?

하정　(웃으며) 모르겠어요.

심　　그래, 그럼 다음 시간까지 염료를 어떻게 만들어서 물을 들이는지 한번 조사해 볼 수 있겠니?

하정　저 혼자는 힘든데 엄마랑 한번 해 볼게요.

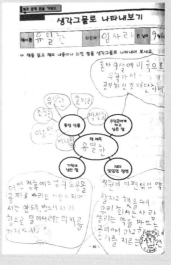

1	4
2	
3	

1 유치원생 하정이의 골품제 그림
2 천연 염색 방법에 대한 조사와 발표
3 점점 발전하는 하정이의 독후화, 안창호 선생의 연설
4 학교에서 마인드맵 독서 과제 수행

하정이는 다음 시간에 엄마와 함께 조사한 자료를 바탕으로 천연 염색의 종류와 방법을 다른 가족들에게 발표하였다. 이후에도 하정이는 계속 본인이 읽고, 공부한 내용을 그림으로 표현하는 연습을 했고, 1년 정도 지나서는 만화 같이 그림에 글을 추가하기 시작했다. 이런 경험은 나중에 학교에서 마인드맵으로 독후 활동하는 것으로 자연스럽게 이어지고, 훨씬 체계적으로 자신의 생각을 정리할 수 있게 되었다.

통합 교육의 가장 좋은 과목, 역사

필자는 통합 교육의 가장 좋은 과목이 역사라고 생각한다. 문학으로도 할 수 있겠지만 정치, 경제, 사회, 문화뿐 아니라, 언어, 건축, 과학 기술 등 모든 분야가 역사 속에 녹아 있다. 언어만 해도 한자를 자연스럽게 접할 수 있고, 필요에 따라 일본어와 영어로도 확장할 수 있다. 그리고 이 모든 공부가 단순히 지식과 정보를 습득하는 인지 공부가 아니라, 왜 살고, 어떻게 살아야 할지에 대해 생각해 보는 인문학적, 인성적인 공부에서 출발하기 때문에 더욱 큰 의미가 있다.

실제 학교 현장에서 통합 교육이 얼마나 뿌리를 내리고 교육적 성과를 낼지는 미지수이다. 하지만 각 가정에서 역사로 탈무드식 토론을 하며 인성 교육과 자연스러운 인지 교육의 열매를 얻을 수 있다는 것은 확실하다. 유대인의 2,000년 탈무드 교육이 그 성과를 이미 입증했고, 우리나라에서도 탈무드식 역사 토론 모임에서 그 열매가 구체적으로 나타나고 있기 때문이다.

4

역사 하브루타로 변한
우리 가정

01 탈무드식 역사 토론을 통해
미래 교육의 가능성을 보다

양정희 하정, 시현 남매, 아빠와 함께 꾸준히 독토에 참여하고 있는 엄마

탈무드식 역사 토론과의 인연

아이를 어떻게 키울 것인가는 모든 부모님의 고민일 것입니다. 저도 첫 아이를 낳은 후 좋은 부모가 되기 위해 육아, 교육서도 많이 읽고, 좋다는 강연도 찾아다니며 저희 가정에 맞는 육아, 교육의 길을 찾고자 했습니다. 그러던 중 2016년 2월에 심정섭 선생님의 《질문이 있는 식탁, 유대인 교육의 비밀》을 읽게 되었습니다. 책을 읽으며 내용이 너무 공감되고, 선생님이 말한 대로 해 보고 싶은데 막상 실천하려고 하니 어렵게 느껴졌습니다. 이론은 좋지만 우선 저부터 질문하고 토론하는 교육을 받아 보지 않았기에 어떻게 시작해야 할지 막막했습니다. 그러다가 심 선생님의 블로그를 통해서 매월 1회 책에서 말하는 '탈무드식 역사 토론'을 다

른 가정들과 한다는 것을 알게 되었습니다. 하지만 그때는 첫째 하정이가 6세, 둘째 시현이는 16개월이어서 나중에 첫째가 좀 더 크면 해야겠다고 생각하면서 때를 기다렸습니다. 나중에 보니 독토(독서 토론)에는 훨씬 어린 아이들도 오고 있었습니다. 선생님도 아이가 어릴 때는 부모가 공부하는 시기이고, 아이들이 어릴 때부터 한 달에 한 번 이렇게 도서관에 와서 같이 공부하고 토론하는 가족 문화를 갖는 것이 중요하다고 참여를 격려하였습니다.

하정이가 7세 때 유치원에서 역사에 대해 조금씩 배울 무렵, 2017년 10월 독토에서 다시 삼국 시대부터 새로운 사이클을 시작한다는 블로그 공지를 보았습니다. 드디어 때가 왔다고 생각하고 역사책을 사서 하정이에게 독토의 존재를 알렸습니다. 다행히 하정이가 하겠다고 해서 책을 읽으며 준비했습니다.

그때는 아이가 한글은 조금 알지만 글을 잘 쓰지는 못해서 독후 활동은 그림으로 준비했습니다. 역사책을 유아들이 읽고 이해하는 것은 쉽지 않은데 다행히 하정이는 역사 이야기도 좋아하고, 그림 그리는 것에 거부감도 없어서 첫 독후화로 을지문덕 장군 이야기를 즐겁게 그려서 준비했습니다. 심 선생님과 함께하는 정규 독서 토론은 10월에 삼국 시대 시대사, 11월 삼국 시대 인물사로 시작하여 다음 해 8월에 광복 후 현대사, 9월에 현대 인물사로 마무리됩니다. 시대사 시간에는 정치, 사회, 경제적인 부분을 공부하는 시간이지만 아이가 어릴 때는 시대사 시간에도 인물 중심으로 공부하고, 관련된 정치, 사회 모습을 같이 보았습니다. 하정이는 나중에 신라의 골품제를 공부하고, 골품제에 따른 의복 색깔의 차이를 그림으로 정리하기도 했습니다.

드디어 2017년 10월 21일 토요일, 처음으로 저희 가족이 독토에 참석했습니다. 하정이는 자기가 준비한 것을 발표하고 싶은데 선생님이 다른 오빠, 언니와 하는 하브루타 시현이 길어지자 기다리기 힘들어했습니다. 그러다 하정이에게 발표할 기회가 왔고 그림을 들고 왔다는 말에 심 선생님이 너무 신선하고 새로운 시도라며 칭찬해 주시고, 독토에서 유치원생이 발표하는 것은 하정이가 처음이라고 치켜세워 주셨습니다. 기다리는 동안에는 다음에는 안 오고 싶다던 아이였는데 선생님과의 1:1 대화와 칭찬에 다음에도 또 오겠다고 마음을 바꿨습니다.^-^ 이런 우여곡절 끝에 나름 성공적인 독토 데뷔를 마치고, 저희 가정은 그 뒤로 1년 동안 한 번도 빠짐없이 독토에 출석했습니다. 하정이는 매번 준비는 했지만 발표하고 싶지 않다고 하여 발표하지 않은 그림도 있습니다. 하지만 신기하게도 독토를 안 가겠단 말은 하지 않았습니다.

막연히 꿈꾸던 교육의 실천

이후 저는 심 선생님이 문화센터에서 진행하는 오프라인 강의도 찾아 듣고, 독토가 있는 날 오후에 진행하는 '탈무드식 독서 토론 부모 연습 1기 과정'도 참여했습니다. 제가 원하는 자녀 교육의 이상은 '아이가 자립하고 세상에 보탬이 되는 사람이 되도록 돕는 것'이었습니다. 강연과 독서,

토론 연습 과정을 통해 저는 제가 꿈꾸는 이런 교육이 이뤄지려면 학교나 학원에 의존하기보다 궁극적으로 가정에서 자녀들과 올바른 소통이 이뤄져야 함을 확신하게 되었습니다.

제가 아직 내공이 부족해서 아이들과의 하브루타를 능숙하게 잘하지는 못합니다. 하지만 심 선생님 덕분에 한 달에 한 번씩 꾸준히 독토를 하고, 이후에는 도서관에서 아이들과 같이 책을 보는 가족 문화를 만들 수 있었습니다. 또 심 선생님이 책과 강연에서 자주 강조하는 '가족 식탁 대화'를 저희 가족 나름대로 시도하고 있습니다. 처음에는 약간 어색했지만 이제는 아이들이 먼저 식탁에 앉아 '가족 식탁'을 하자며 자기 이야기를 하는 것을 좋아하게 되었습니다. '가족 식탁' 때 아이들이 엄마는 오늘 뭐 했냐고 물으면 저는 하루 동안 있었던 평범한 일상을 말하고, 강연에서 듣거나 책에서 읽은 이야기도 자연스럽게 나눕니다. 이제 초등학교 1학년이 된 하정이는 자기도 독토의 다른 언니, 오빠들처럼 글로 써서 발표하고 싶다고 합니다. 그래서 독후화와 더불어 독후감 쓰는 것도 준비하고 있습니다. 아이가 스스로 책을 찾아 읽고 글을 쓰는 것은 많은 엄마들의 로망인데 실제 아이의 그런 모습을 보니 신기하기도 하고, 이게 바로 공동체 가운데 자연스럽게 학습 문화가 만들어진 것이 아닌가라는 생각이 듭니다.

저는 심 선생님이 자주 이야기하는 '20세기 공장식 입시 교육'에도 잘 적응하고, 나름 성과도 낸 경험이 있습니다. 하지만 21세기를 살아갈 우리 아이들에게도 이런 교육을 받게 해야 하는가는 항상 의문이었습니다.

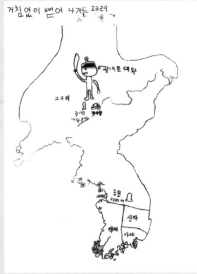

1 세종대왕의 업적에 관한 하정이의 독후화
2 첫해 서툴렀던 삼국 시대 지도가 다음 해에는 놀랄 만큼 정확해졌다.

가능하다면 우리 아이들은 저와 다르게 키우고 싶은 마음이 있었습니다. 하지만 어떻게 하는 것이 제대로 미래를 대비하는 것이고, 기존의 주입식, 입시 교육의 한계를 벗어나는 것인지 막연했습니다. 그런데 정말 좋은 인연으로 선생님의 책과 독서 토론을 같이 하는 가족들을 만날 수 있어서, 제가 꿈꾸던 교육의 단추를 하나하나 채워 가는 느낌입니다. 제가 바라는 교육은 시험을 잘 보고, 하나 밖에 없는 정답을 찾는 교육이 아니라, 나와 세상에 올바른 질문을 던지고, 나만의 해답을 스스로 찾아가는 교육입니다. 저와 저의 가족의 지난 1년간의 경험을 보면, 그 교육의 출발점은 바로 우리가 하는 역사 토론과 이런 공동체적 학습 문화에 있다는 확신이 듭니다. 아무쪼록 선생님이나 저를 포함한 많은 독토 가족들이 바라는 대로, 이런 모임이 더 많이 생겨서 우리나라에서도 유대인 못지않게 질문하고 토론하고, 부모와 자녀가 한 가지 주제로 소통하는 아름다운 문화가 정착되기를 소원합니다.

02 역사 울렁증이 있는 엄마가 역사 토론 모임을 만들다

이춘희 외동딸 정원이와 함께 이촌동에서 역사 토론 모임을 진행하고 있는 엄마

이촌동 역사 모임을 시작하기까지

제가 사는 이촌동에서 역사 토론 모임을 시작한 건 2016년 6월입니다. 심정섭 선생님의 여러 저서를 통해 접한 가정 중심 교육, 인성 교육, 탈무드식 토론 교육에 공감하는 바가 컸고, 이론뿐만 아니라 실제 많은 가정에서 실천하는 모습에 도전 받아 저희 가정에서도 실천해 보았습니다. 저희가 제일 먼저 실천한 부분은 일주일에 한 번씩《사자소학》으로 밥상머리 교육을 시작한 것입니다. 사자소학을 한 부분씩 읽고 그 내용에 대해서 남편, 딸과 함께 이야기를 나눴습니다.

그리고 용기를 내어 선생님께서 진행하시는 토요 역사 토론 모임에 참석했습니다. 선생님을 직접 뵙고 토론 시범을 볼 수 있어 좋았고, 자녀

교육에 대해 따뜻하게 조언해 주시는 것도 좋아서 지속적으로 참여하고 싶었습니다. 하지만 정해진 날짜를 지키기가 쉽지 않았고, 무엇보다 낯선 사람에 둘러싸인 분위기 때문인지 딸이 어색해했습니다. '하브루타와 역사를 배울 수 있는 좋은 기회인데 어쩐다…' 하고 아쉬워하다 '그럼 동네에서 마음 맞는 사람들과 이런 모임을 만들면 어떨까?' 하는 생각에 이르렀습니다.

그런데 가장 큰 걸림돌은 바로 저 자신이었습니다. 저는 다른 많은 사람처럼 역사를 암기 과목으로만 생각한 전형적인 '역사 울렁증'이 있는 엄마였습니다. 시험 때문에 어쩔 수 없이 연도와 인물, 사건을 외웠던, 역사 공부에 대한 안 좋은 기억이 있었습니다. 그래서 '과연 내가 이런 역사 토론 모임을 잘 인도할 수 있을까'라는 두려움이 있었습니다. 하지만 생각을 바꿔서 '모르면 배우면 되고, 아이를 가르치려고 하기보다 아이와 함께 배우고, 엄마가 노력하는 모습을 보여주자'고 마음을 먹으니 용기가 생겼습니다.

이렇게 지역에서 역사 모임을 만들기로 결심하고 맞닥뜨린 첫 번째 난관은 참석자 모집이었습니다. 이런 취지에 공감은 하겠지만, 책을 읽고 토론을 해야 하는 모임에 올 수 있는 분들이 우리 동네에 얼마나 있을지가 의문이었습니다. 어떻게 모임을 알릴지도 문제였습니다. 그때 아이가 어릴 때부터 좋은 관계를 맺어 온 한 엄마가 몇 년 전에 했던 말이 기억났습니다. "아이와 함께 독서 토론 모임을 하고 싶은데 언니 혹시 생각 없어요?" 먼저 이 엄마에게 운을 띄웠더니 흔쾌히 동의했습니다. 이렇게 우선 한 가정을 확보하고, 서로 각자의 지인에게 알리고, 인터넷 지역 커뮤니티 카페에도 글을 남겼습니다. 그 결과 초등생 3~5학년이 주축이 되어 우리 두 가정, 이 엄마가 데리고 온 다른 한 가정, 인터넷 카페를 통해 두 가정, 총 5 가정이 1기 모임을 시작했습니다.

역사 토론 모임의 진행

모임 진행은 심 선생님의《질문이 있는 식탁, 유대인 교육의 비밀》책에 나온 대로 같은 역사 주제의 책을 읽고, 질문 만들기, 아이들과의 토론 순서로 하였습니다. 탈무드식 토론의 큰 틀을 따랐지만 세부적인 내용은 상황에 따라 융통성 있게 조정했습니다. 장소는 용산 한글 박물관의 쉼터를 몇 달간 이용했으나, 개방 시간과 모임 시간을 맞추는 불편함이 있어 이후에는 각 가정에서 돌아가면서 했습니다. 심 선생님이 진행하는 토요 독서 모임은 누구에게나 열린 모임이지만 저는 아직 다양한 분들을 인도할 역량이 안 되기에 기수별로 정해진 멤버들만 참여하는 것으로 했습니다. 또한 심 선생님의 모임에서는 주제에 맞는 어떤 책을 읽어도 상관없지만 저희는《용선생의 시끌벅적 한국사》를 주 교재로 정해서 해당 주제별로 읽을 분량을 정했습니다.

　저희는 부모-자녀 짝 토론(하브루타), 전체 토론에 더해 영상 감상, 관련 장소 탐방, 배운 내용 실천 등 다양한 활동을 추가했습니다. 관련 활동 중 대표적인 것은 쩨다카(자선함) 실천입니다. 심 선생님이 출연한

EBS 방송 〈현병수의 무엇이든 물어보세요〉 25화 '유대인에게 배우는 밥상머리 교육법'이라는 영상에서 "안식일 식탁의 다른 형식은 각자 가정에 맞게 실천할 수 있지만, 꼭 하나 빼 놓지 않았으면 하는 내용은 자선함이다"라는 조언에 따라 자선함은 꼭 실천하고 싶었습니다. 그래서 모임 시작하기 전에 먼저 자선함에 아이들이 준비한 동전이나 기부금을 넣고 토론을 시작합니다.

역사 토론 모임을 하고 생긴 변화들

이렇게 시작된 모임이 2년 차로 접어들었고, 지금까지 거의 빠짐없이 한 달에 두 번씩 모임을 지속하고 있습니다. 그러면서 우리에게 작은 변화들이 일어나고 있음을 느낍니다.

첫째, 저를 비롯한 참석자 모두 우리나라와 우리 역사를 자랑스럽게 생각하는 마음이 커졌습니다. 외워서 시험을 잘 봐야 한다는 부담을 빼니, 역사는 정말 재미있는 이야기였습니다. 그 안의 많은 사건과 인물을 보고, 같이 울고 웃을 수 있었습니다. 고구려인의 강인하고 굽히지 않는 기상에 환호했습니다. 나라를 망국으로 이끄는 부패한 귀족들과 지도자들의 잘못된 정치와 욕심에 분개했습니다. 이렇게 먼저 이 땅을 살다 간 조상들의 성공과 실패를 보며 자연스럽게 우리 자신을 돌아보게 되었습니다. 나는 누구이고, 나는 어떻게 살아야 할지에 대한 질문으로 이어졌습니다. 5천 년이 넘게 이 땅을 지켜 준 조상들에게 감사한 마음도 생겼습니다. 수많은 좌절과 패배의 순간도 있었지만, 이렇게 나라를 지켜 주었기에 우리가 지금과 같은 경제적인 풍요를 누릴 수 있다고 생각했습니다. 또한 피 흘려 민주주의를 지켜 주었기에 지금 우리는 잘못하는 정치가를 비판하고, 국가 제도에 대한 불평을 자유롭게 해도 잡혀 가지 않는 나라에서 살고 있습니다.

전에는 서울에 살면서 주로 뜨는 동네, 유명 맛집을 다니기 급급했는데 이제는 서울 곳곳에서 역사의 흔적이 남아 있는 곳을 찾습니다. 역사를 공부하고 다시 보니, 서울은 고개만 돌리면 곳곳이 역사의 숨결을 느낄 수 있는 보물 창고였습니다. 박물관에서 선사 시대 주먹 도끼를 보면서 몇 백 캐럿 다이아몬드를 보는 것처럼 감동하게 되었습니다. 남대문(숭례문)과 동대문(흥인지문)을 지나며, 왜 조선의 건국자들은 '인의예지'라는 유교적 이념을 문 하나하나에 새기고자 했을까를 생각하게 되었습니다. 아는 만큼 보인다고 역사를 공부하니, 정말 우리나라 곳곳이 더욱 새롭게 다가왔습니다. 앞으로 역사 공부가 점점 쌓이면 또 얼마나 넓은 세계를 경험할 수 있을까 기대됩니다.

둘째, 엄마와 자녀가 함께 성장하는 모습을 보게 됩니다. 이 변화는 엄마들에게서 더 뚜렷하게 나타납니다. 아이들과 토론하기 위해서는 엄마들도 미리 준비하지 않을 수 없습니다. 또한 토론한 내용은 자연스럽게 새로운 호기심으로 이어져 스스로 다른 책을 보거나 관련 영상을 찾아보게 됩니다. 공부한 내용과 관련 있는 언론 보도가 있으면 카톡으로 공유합니다. 이 모두가 누가 시킨 것이 아니라 스스로 재미있어서 합니다.

아이들 또한 "다음 부분 읽었니?"라고만 물어도 스스로 책을 읽습니다. 모임에 참석한 한 아이는 꿈이 과학자에서 역사학자로 바뀌었습니다. 제 딸은 이성보다는 감성이 발달된 아이라 논리적으로 생각하고 말하는 걸 좋아하지 않는 편인데, 역사 토론 모임을 하면서 글로 된 텍스트를 이해하는 능력과 자기 의견을 표현하는 능력이 점점 좋아졌습니다.

셋째, 새로운 교육의 가능성을 보았습니다. 아이들은 혼자서 깊이 생각하는 것보다 토론하고 나누는 것을 즐기는 것 같습니다. 제 딸은 말없이 주로 듣는 편인데 딸에게 "역사 모임에서 어떤 부분이 좋아?" 하고 물으니 "토론하는 게 좋지"라고 대답합니다. 자기가 말해야 한다는 부담 없이 많이 들어서 좋다고 합니다. 말하기 좋아하는 아이들은 일방적으로 듣지 않고 말할 수 있는 게 좋다고 합니다. 이렇게 자신의 의견을 표현하는 과정에서 소통의 욕구가 충족됩니다.

일방적으로 강의 내용을 듣는 전통적인 교실에서는 순간 이해력이 빠르고 이성이 발달한 이른바 '공부 잘하는 아이'가 부각됩니다. 하지만 모두 동등한 자격으로 토론하다 보면 조용한 아이들이 오히려 상당히 창의적이고 깊은 생각을 하는 것을 목격할 수 있습니다. 조금 느리거나 조용한 성향의 아이들에게도 하브루타 토론 교육이 딱인 것 같습니다.

엄마들도 일상 대화가 아니라 이런 주제가 있는 대화에서 아이의 성향이나, 강점과 약점을 직접 눈으로 보고 파악할 수 있습니다. 앞으로 공부가 더욱 쌓이면 아이들 스스로 주제를 정해서 좀 더 깊은 조사를 하고, 발표하는 시간을 갖고자 합니다. 이렇게 스스로 관심을 갖고, 발품을 팔아 현장을 경험하는 교육이 미래 시대를 대비하는 교육이 아닐까 생각합니다.

넷째, 더불어 사는 사회에 대한 인식이 커졌습니다. 위에서 말한 대로 저희 토론 모임은 자선함 활동에서 시작합니다. 작년에 그렇게 모은 돈을 주사랑 교회에서 운영하는 '베이비 박스'에 기부했습니다. 베이비 박스는 아이를 키울 형편이 안 되어 미혼모들이 아이를 맡기는 우리 사회의 안타까움이 있는 현장입니다. 베이비 박스에 대한 TV 보도 자료를 아이들과 같이 시청하고, 직접 교회에 가서 베이비 박스가 어떻게 운영되는지 보았습니다. 아이들은 자신들이 알고 있는 세상과 다른 세상이 있음을 알게 되었습니다. 엄마들도 좋은 성적, 좋은 학벌을 얻기 위한 경쟁보다, 주위를 돌아보고 작은 선행을 실천하는 것이 더 중요함을 깨달았다고 합니다. 베이비 박스 후원을 계기로 앞으로도 지속적으로 작은 정성을 모아 공동체에 기여할 수 있는 방법을 찾고자 하는 마음이 더욱 커졌습니다.

마지막으로 개인적으로 가장 뿌듯한 열매는 저 자신의 성장입니다. '심 선생님 수준까지 도달한 후에 모임을 하자'고 마음먹었다면 절대로 이런 모임을 시작할 수 없었을 것입니다. 완벽해질 때까지 기다리지 말고, 하면서 배우자고 생각했습니다. 이렇게 저의 부족함을 인정하고 시작하니 용기도 나고 마음이 편했습니다. 내가 다른 사람들을 인도할 정도는 아니기에 '다른 멤버보다 한 발짝만 먼저 내딛자'고 마음먹었습니다. 많이 앞설 자신은 없었지만, 조금 더는 할 수 있었습니다. 정해진 부

1	2
3	4

1   이촌동 독서 토론 모임 모습
2   신석기 시대를 마치고 강화도 고인돌 탐방
3   아이들과 함께 베이비 박스 영상 시청
4   자선함 모금과 후원

분만 읽는 데서 그치지 않고 때로는 어떤 토론을 할지 미리 생각하며 관련 다큐멘터리를 시청했고, 동일 주제의 다른 책을 읽기도 했습니다. 잘 모르거나 부족한 부분은 도움을 청했습니다. 저의 부족함을 인정하고 손을 내미니 많은 사람들이 기꺼이 도와주었습니다.

제가 부족한 부분은 함께하는 다른 엄마들이 채워 주었습니다. 그러면서 우리 모두 역사를 좋아하게 되었고, 역사 지식뿐만 아니라 생각의 깊이나 삶의 태도도 달라졌습니다. 이렇게 제 인생에서 처음으로 남이 정해 준 삶이 아닌 주도적인 삶을 살기 위한 실천을 하니 제가 한 단계 더 성장한 게 느껴집니다. 머릿속으로 생각만 했던 많은 일들도 앞으로 충분히 할 수 있을 것 같다는 자신감이 생깁니다. 저희 모임은 집에서의 역사 토론뿐 아니라, 집을 떠나 박물관과 유적지를 다니며 다양한 활동을 하고 있습니다. 올해는 부여, 경주로 여행을 가려고 합니다. 현대사까지 마치고 나면 다음 커리큘럼은 어떻게 진행할까 하는 즐거운 고민을 하고 있고, 아이들이 더 크면 일본으로, 러시아로 역사 여행을 갈 계획입니다. 이렇게 아이들과 더 큰 세상을 보고, 더 많은 배움을 할 수 있는 것만으로도 저는 충분히 기쁘고 만족합니다.

역사 모임을 시작하려고 하는 엄마, 아빠들에게

이런 모임을 시작하려는 마음이 있는 엄마들에게 드리고 싶은 말씀은 "처음부터 모든 것을 완벽하게 준비하고 시작할 필요는 없다"입니다. 저희 모임의 경우 일단 운영자로서 저의 자질이 많이 부족했고, 모임에 참석하는 가정들의 비전도 처음에는 많이 달랐습니다. 장소와 시간 등 정해지지 않은 부분도 많았습니다. 마치 사랑으로 결혼했으나 자잘한 문제로 끊임없이 충돌하고 서로를 맞춰 가는 결혼 생활처럼 저희 모임도 미숙한 점이 많았고, 세부적인 조정이 필요했습니다. 하지만 맞춰 가는 과정에서 구성원들 간에 좀 더 소통이 되어 비전을 명확히 공유할 수 있었고, 모임에 대한 애정도 깊어졌습니다. 얼마 전에는 심 선생님을 모시고, 선생님이 역사 토론 모임을 시작한 취지와 의도를 듣는 귀한 시간을 가졌습니다. 확실히 원 저자의 설명을 들으니 구성원들 간의 비전 공유도 훨씬 수월해졌습니다. 이번 강의를 계기로 저희 모임도 한 단계 더 업그레이드될 것으로 기대합니다.

심 선생님이 진행하는 독서 토론 모임에 참가하고 싶지만, 용기가 안 나고 거리나 시간이 허락되지 않는 분들도 있을 것입니다. 그러면 우선 저처럼 책을 통해 공부하고, 독서 토론 모임에 1-2번 참석한 후 본인이 있는 지역에서 모임을 만들어 보는 것도 방법입니다. 심 선생님도 바로 이런 모임이 전국에 생기는 것이 앞으로의 비전이라고 합니다. 아무쪼록 저희 이촌동 모임의 작은 실천이 역사 토론 모임을 시작하려는 분들에게 조금이나마 용기가 되기를 바랍니다.

03 역사 하브루타를 통한
가족 소통의 작은 기적

정연승 아이를 낳은 후 일을 잠시 내려놓고, 시호, 수안 두 남매를 키우는 엄마

튼튼한 공부 그릇을 길러 주고 싶었던 엄마

우리나라 대부분의 엄마들이 그렇듯 저도 첫째 아이를 낳고 아이에게 좋은 것만 먹이고, 입히고 싶었습니다. 그게 아이에 대한 사랑의 표현이라 생각했고, 아이에게 가는 것을 고를 때마다 최대한 까다롭게 고르고 골랐습니다. 그러다 문득 여러 카페와 인터넷 공간에서 얻은 상업적 정보의 홍수 속에서 허우적 대는 저의 모습을 발견하였습니다. 이렇게 소신 없이 남들 하는 대로 따라하고 유행을 쫓는 것이 답이 아님을 깨닫고, 육아와 교육에 관한 책을 읽고 공부하며 부모 내공을 조금씩 쌓았습니다. 지금 당장 수학 문제 몇 개를 더 풀고 영어 단어 외우는 것보다 자기 조절 능력을 기르고, 친구들과 소통하며 스스로 공부할 수 있는 공부 그

롯을 키우는 것이 더 중요하다는 것을 깨달았습니다.

그러던 중 우연한 기회에 유대인 교육법인 하브루타를 알게 되었고, 거기서 말하는 내용을 보고 신선한 충격을 받았습니다. 우리나라 어린이들의 아이큐는 전 세계에서 홍콩 다음으로 높고, 민족 단위로 따진다면 전 세계 1위나 마찬가지라고 합니다. 하지만 이렇게 머리 좋은 아이들이 많은 우리나라에서 과학이나 경제 분야 노벨상은 한 번도 나오지 않았습니다. 이에 비해 생각보다 초기 아이큐가 높지 않은 유대인은 전체 노벨상 수상자의 30% 정도를 차지한다고 합니다. 우리 아이를 노벨상 수상자로 만드는 게 자녀 교육 목표는 아니지만 아이의 공부 그릇을 최대한 튼튼하게 만들고, 가능한 창의적인 아이로 키우고 싶었던 저는 자연스럽게 유대인 교육에 관심을 갖게 되었습니다. 이런 과정에서 심정섭 선생님 블로그를 알게 되었고, 서울에서 한 달에 한 번씩 탈무드식 역사 토론 수업을 한다는 정보를 얻었습니다. 당시는 저희가 지방에 살고 있어서 참석이 어려웠고, 몇 년 후 서울로 이사를 오면서 드디어 독서 토론 모임에 참여하게 되었습니다.

조금씩 익숙해지는 질문과 토론

모임에 참석하기 전에 책을 보고 집에서 아이와 하브루타 토론을 실천해 보려고 했는데, 이론처럼 쉽지 않았습니다. 책에 여러 가지 질문 방법과 요령이 나와 있었지만 막상 아이에게 무슨 질문을 어떻게 해야 할지 막막했습니다. 그런 상태에서 처음 독토 모임에 참석하였는데, 심 선생님께서 아이들과 한 명씩 1:1 토론을 하며 하브루타 시현을 하시는 모습을 보고 조금은 감을 잡을 수 있었습니다. 그렇지만 다시 집에 와서 큰아이 시호와 함께 책을 읽고 토론해 보니 심 선생님처럼 매끄럽게 대화가 이어지지 않았습니다. 그러면서 왜 선생님께서 '아이를 가르치려고 하기보다, 먼저 아이에게 전달할 수 있는 나만의 콘텐츠를 쌓는 게 중요하다'고 하시는지 이해했습니다. 대충 아이에게 몇 가지 질문을 던지고, 하브루타 흉내만 냈다고 아이가 스스로 공부하고 창의적인 질문을 쏟아내는 게 아니었습니다. 아이와 같이 책을 읽으며 저도 어느 정도 공부를 해야 이야기하고 나누고 싶은 게 생기고, 질문이나 대화가 좀 더 풍성해질 수 있다는 것을 깨달았습니다. 이후에는 시호가 읽는 책을 저도 같이 읽고, 부족하다고 느끼는 부분은 인터넷 자료 검색이나 유튜브에 있는 역사 관련 강의와 토론 프로그램들을 보고 제가 나누고 싶은 내용을 정리했습니다. 배운 내용 가운데 몇 가지 질문을 만들고, 아이와 이야기 나눌 내용을 미리 정리했습니다.

사실 학창 시절에 국사 과목을 좋아하지 않던 저에게 그 과정이 쉽지만은 않았습니다. 그래도 '일단 계속해 보자. 시작이 반이라는데 이미 반은 넘지 않았나'라는 생각으로 한 달에 한 번씩 독토 모임에 반드시 참석하였습니다. 독서 토론이 있는 주는 최대한 시간을 내서 공부하고 질문을 만들었습니다. 그렇게 하다 보니 벌써 1년이 지났습니다.

물론 1년 만에 제 질문이나 토론의 수준이 엄청나게 좋아진 것은 아닙니다. 아직도 선생님께서 아이들과 토론하는 모습을 보면 저는 아직 많이 부족하다고 느낍니다. 그렇지만 포기하지 않고 꾸준히 역사 공부를 하니 재미도 있고, 공부와 토론하는 요령이 생겼습니다. 시호도 처음에는 단답형으로 짧게 말하는 수준이었는데, 시간이 지나면서 역사 지식도 쌓이고, 본인이 궁금한 것도 생기니 점점 자기 의견이 많아지고 질문도 더 깊어졌습니다.

역사 하브루타를 하며 생긴 변화들

역사 하브루타 독서 토론을 시작하며 우리 가족에게는 크고 작은 변화가 생겼습니다. 먼저 아이들과 함께 공부하며 저는 오랜만에 작은 성취감을 맛볼 수 있었습니다. 가사와 육아에 지쳐 한동안 내려놓았던 지적 욕구가 채워지는 느낌이었습니다. 아이들을 낳고 제 전공 분야 일을 그만두면서 낮아졌던 자존감이 조금씩 회복되었습니다. 책을 읽고 생각과 가치관을 다시 세우며 이른바 인문학적인 깨달음이 왔습니다. 그러면서 내가 왜 살고, 무엇을 위해 살고 있는가에 대한 저만의 답이 조금씩 보이기 시작했습니다.

큰아들 시호는 역사 공부를 함께하고, 엄마와 이야기를 나누며 표현과 내용이 더 풍성해졌습니다. 학교에서 있었던 이야기도 더 많이 들려주었고, 자기 생각과 의견을 이전보다 조리 있게 잘 표현했습니다. 이런저런 이야기를 하다 보니 아이의 생각이 어떻게 자라는지 조금씩 보이기 시작했습니다.

무엇보다 아이가 일상생활에서 친구들에게 쉽게 휩쓸리지 않는 자기 소신을 갖게 된 것을 볼 수 있습니다. 역사 속 여러 사건들 가운데 수많은 선택을 봐서 그런지 본인이 가는 길이 다른 친구들과 다를 수 있음을 인정하고, 친구들의 시선으로부터 자유로워 보였습니다. 인물사를 공부하며 각 인물들의 장점과 한계, 인간적인 나약함을 보고 사람에 대한 이해도 더 깊어졌습니다. 그래서인지 담임 선생님으로부터 시호가 학교에서 친구들을 잘 이끌고, 생각이 다른 아이들도 잘 이해하고 포용해서 친구들 사이에서 인기가 많다는 이야기를 들었습니다. 다양한 아이들 속에서 자기만의 소신을 갖고, 두루두루 잘 어울리고 친구들로부터 인정받는 시호가 엄마로서 참 기특하고 자랑스럽습니다.

이제 시호에게도 곧 사춘기가 찾아올 것입니다. 첫아이이고 아들이다 보니 어떻게 변할지, 또 남들 다 겪는다는 중2병이 정말 제 아들에게도 찾아올지 걱정되기도 합니다. 하지만 평소에 이렇게 계속 소통하고 지낸다면, 우리 아들은 문제가 있을 때 방문을 닫고 자기 방으로 들어가기보다, "그런데 엄마, 저는요 그 문제에 대해 이렇게 생각하는데요….".라고 차근차근 자신의 생각을 표현하는 아이가 되지 않을까 기대합니다.

둘째 수안이는 엄마와 오빠가 함께 역사책을 읽고 이야기 나누는 모습을 보고 역사에 호기심을 갖게 됐습니다. 역사책을 혼자 꺼내 보고, 저에게 읽어 달라고 먼저 조릅니다. 6살에게는 다소 어려워 보이는 역사 이야기도 이해할 수 있는 만큼 최대한 받아들이려고 합니다. 책 읽는 엄마, 스스로 공부하는 오빠의 모습은 둘째에게도 좋은 영향을 주는 것 같습니다.

아빠의 모습도 조금 달라졌습니다. 처음에는 제 성화에 못 이겨 그저 독서 토론 시간에 함께 참석만 하던 아빠였습니다. 계속 꾸준히 참석하며 다른 가정 엄마들의 육아에 대한 고충을 들은 후 엄마의 역할과 힘듦에 대한 이해의 폭이 넓어졌습니다. 제가 가끔 힘들다고 하는 이야기가 아내만의 하소연이 아니라, 우리나라에서 아이를 키우는 엄마들의 공통된 어려움임을 객관적으로 받아들이게 된 것 같습니다. 또한 독서 모임에서 아이들과 함께 열심히 책을 읽고 적극적으로 아이들과 토론하는 다른 아빠들의 모습을 보고 남편도 조금씩 변하기 시작했습니다. 전에는 집에서 아이들에게 책 한 글자도 읽어 주지 않던 남편이 이제는 막내에게 구연동화 하듯이 재미있게 책을 읽어 줍니다. 주말에는 서로 공부한 공통 주제나 다른 이야깃거리를 가지고 아이들과 좀 더 많은 이야기를 나누려 노력하는 모습을 보입니다. 이런 아빠의 변화된 모습을 보면 고맙기도 하고, 남편에게 좀 더 잘 해야겠다는 마음도 듭니다.

걱정보다 기대되는 아이들의 성장

일 년 넘게 하브루타 역사 토론에 참여해 보니 심 선생님이 평소 말씀하시는 '정말 중요한 것은 지식이 아니라 소통'이라는 것이 어떤 의미인지 분명히 깨달을 수 있었습니다. 역사상의 연도나 인물, 특정 사건이 중요한 것이 아니라, 그런 역사적 사건이나 인물을 소재로 아이들과 같이 이야기 나누고 소통하는 것이 핵심이었습니다. 그 과정에서 다양한 시각으로 생각을 정리하고 내 의견을 표현할 수 있었습니다. 이런저런 이야기를 나누며 나는 왜 살고, 어떻게 살아야 할지에 대한 나만의 철학과 가치관을 조금씩 형성해 나갈 수 있었습니다.

신기하게도 역사를 소재로 시작한 시호와의 대화는 이내 일상 이야기로 이어지고, 아이는 결국 마음속에 있는 이야기까지 터놓게 됩니다. 큰 아이의 사춘기가 다가오지만 이전보다 우리 가정에서는 대화가 더 늘었습니다. 식탁에서나 짬짬이 시간 날 때마다 끊임없이 엄마와 이야기를 나누고 싶어 하는 시호의 모습을 봅니다. 심 선생님이 이론적으로 말하는 것처럼 역사 토론은 부모와 자식 간에 소통의 마중물이 되고, 관계를 더 돈독하게 한다는 것을 확실히 경험하고 있습니다.

앞으로 4차 산업 혁명 시대에는 지식을 습득하는 것보다 가지고 있는 지식을 창의적으로 융합할 수 있는 능력이 더 요구된다고 합니다. 그런 시대에서 대부분의 인생을 살아가야 할 우리 아이들에게 깊은 사고력과 자기만의 표현력을 기르는 탈무드식 역사 토론은 무엇보다 중요하다고 생각합니다. 앞으로도 하브루타 역사 토론을 통해서 우리 아이들이 깊이 있게 생각하고 자신만의 분명한 소신을 갖기를 바랍니다. 생각의 힘을 바탕으로 인생의 크고 작은 변화에도 흔들리지 않고, 스스로 자기 길을 찾고 행복을 이뤄 가는 멋진 어른으로 성장하길 기대합니다.

저도 이런 토론을 통해 엄마로서 또 한 사람의 인간으로서 앞으로 어떻게 살아야 할지에 대한 저만의 답을 찾고 싶습니다. 내년이면 첫째가 5학년이 됩니다. 몇 년 뒤에 이제 중학교에 가고 본격적으로 입시에 뛰어들어야 한다고 생각하니, 마음이 조금 조급해지는 것도 사실입니다. 하지만 그동안 체험했던 것처럼 역사 토론을 꾸준히 하며 우리가 걱정하는 것을 함께 나누고, 아이들만의 길을 소신껏 찾아간다면, 좀 더 행복하게 중학교 그리고 이후 고등학교 생활도 잘해 나가지 않을까 생각합니다. 매번 토론 때마다 다양한 아이들의 눈높이에 맞춰 토론하며 좋은 본을 보여 주시는 심 선생님과, 이런 좋은 공동체를 유지하며 꾸준히 독서 토론 모임에 참석하는 많은 가정들에게 다시 한 번 감사의 말씀을 드립니다.

부록

01 탈무드식 독서 토론 모임의 구성과 실천

탈무드식 독서 토론 모임의 '역사 커리큘럼'

필자는 2009년 양재 '나비 독서 토론 모임'을 참석하며, 이 모임의 방법을 가정 중심으로 적용해 보고자 했다. 그 실천을 메디플라워 자연출산 센터에서 자연출산 교육을 받은 가정들과 2010년부터 '부모 독서 모임'을 시작했고, 2014년부터는 양재동 매헌 기념관 내 윤봉길 도서관에서 '탈무드식 역사 토론'을 시작했다. 2019년 현재는 매월 한 번씩 둘째나 셋째 토요일에 강남역 국기원 앞에 위치한 국립 어린이 청소년 도서관 내 독서 토론실에서 모임을 진행하고 있다.

그동안 많은 시행착오를 거쳐 지금은 1시간은 필자가 참석한 어린이와 1:1로 하브루타 토론 시현을 2-3명 정도와 하고, 1시간은 각 가정별로 부모, 자녀가 준비한 내용을 토론하는 방식이다. 그리고 소감을 나누고 마무리한다. 처음에는 부모와 아이가 각자 읽은 내용을 발표하고 토론하는 식으로 했는데, 도대체 어떻게 토론을 시작하고 어떤 말부터 해야 할지 모르겠다는 부모들의 반응이 많아서 필자가 먼저 시현하는 방식을 택한 것이다.

사실 우리가 부모로부터 책을 읽고 부모와 토론하는 법을 배우지 못했으니 아이들과 함께 책을 읽고, 질문을 만들고, 같이 토론하는 게 쉬울리 없다. 하지만 어떻게 하는지를 보고 배우고, 직접 해 보면 조금씩 요령이 생긴다. 그 과정에서 자녀와 소통할 수 있는 방법을 찾고, 토론을 통해서 나도 배우고 성장한다는 말의 의미를 깨닫게 된다. 2019년 현재 진행하고 있는 일 년 표준 커리큘럼은 다음과 같다.

	탈무드식 역사 토론 표준 커리큘럼
10월	삼국 시대, 남북국 시대 시대사
11월	삼국 시대, 남북국 시대 인물사
12월	고려 시대 시대사
1월	고려 시대 인물사
2월	조선 시대 시대사
3월	조선 시대 인물사
4월	조선 후기, 개화기의 시대사
5월	조선 후기, 개화기의 인물사

6월	일제 강점기와 독립 운동기 시대사
7월	일제 강점기와 독립 운동기 인물사
8월	해방 이후 현대사 시대사
9월	해방 이후 현대사 인물사

이렇게 일 년을 돌고 다음 해 같은 주제로 계속 반복하며, 책과 질문의 수준을 높여 간다. 여러 가지 주제를 넓게 배우기보다, 우리 역사라는 같은 주제를 반복하며 어휘력과 표현력, 사고력을 늘려 가는 '원소스(one source) 교육'을 하는 것이다. 독서법으로 말하면 '슬로우 리딩(Slow reading)'이나 '질적 독서(양적 독서에 대비되는)'를 하는 셈이다. 1월이 아닌 10월에 시작으로 하는 이유는 10월 3일 개천절이라는 상징적인 의미를 살리고, 유대인이 9, 10월에 '로쉬 하샤나'라는 신년절을 갖는 것을 벤치마킹한 것이기도 하다.

각 시대별 위인전 인물 후보

삼국 시대, 남북국 시대	광개토 대왕, 을지문덕, 계백, 김유신, 장보고, 원효, 최치원, 대조영
고려 시대	강감찬, 서희, 윤관, 묘청, 공민왕, 정몽주, 최영
조선 시대	이성계, 정도전, 장영실, 이황, 이이, 신사임당, 조광조, 이순신, 유성룡, 광해군
조선 후기, 개화기	정조, 정약용, 흥선대원군, 전봉준, 안중근

일제 강점기와 독립운동기	유관순, 한용운, 안창호, 김좌진, 김구, 윤봉길, 이회영
현대사	여운형, 이승만, 박정희, 김대중, 유일한, 전태일

연령별 참고도서 목록

연령별 참고도서 목록은 다음과 같고, 주제에 맞는 다양한 책을 자유롭게 선정해도 좋다. 역사 공부가 낯선 부모들은 바로 어른 책을 보기보다, 유·초등 수준의 글 밥이 적은 책을 아이와 같이 보기를 권한다. 처음에는 가볍게 시작하고, 해를 더해 가면서 조금씩 수준을 높인다. 해마다 같은 주제가 반복되므로 점점 지식이 쌓여 가고, 작년에 비해 질문의 수준도 높아지는 자신을 발견할 수 있다.

유아, 초등 저학년

《우리 역사 파노라마》, 프뢰벨, 2019

박영규 등, 《광개토대왕 이야기 한국사》, 한국헤르만헤세, 2019

육혜정 등, 《Why 초등 인문고전 시리즈》, 예림당, 2018

이수정 등, 《세계 인물 교양 학습만화 Who?》, 다산어린이, 2018

서보현 등, 《명랑한국사》, 이수미디어, 2016

이근 등, 《Why 한국사 통사》, 예림당, 2014

신동일 등, 《역사학자 33인이 선정한 인물로 보는 한국사 1-57권》, 파랑새어린이, 2013

초등역사교사모임,《초등학교 선생님이 함께 모여 쓴 한국사 이야기》, 늘푸른아이들, 2011

김경희 등,《포커스 한국위인동화》, 흙마당, 2009

윤승운,《맹꽁이 서당: 맹꽁이 훈장님이 들려주는 역사 이야기 전15권》, 웅진주니어, 2006

남기보,《교과서와 함께 읽는 우리 조선사》, 주니어김영사, 2006

송창국,《만화로 보는 재미있는 한국사 1-5》, 계림, 2001

초등 고학년

유홍준 원작,《만화 나의 문화 유산 답사기》, 녹색지팡이, 2017

금연진 등,《용선생 시끌벅적 한국사》, 사회평론, 2016

이근,《Why 한국사– 명재상과 충신, 왕비 이야기 시리즈 등》, 예림당, 2013

박영규,《박영규 선생님의 만화 조선왕조실록, 고려왕조실록 시리즈》, 웅진주니어, 2011

박은봉,《한국사 편지 1-5》, 책과함께어린이, 2009

중 · 고등, 성인

① 통사

중 · 고등학교《한국사》교과서

한영우,《다시 찾는 우리 역사》, 경세원, 2017

변태섭,《한국사통론》, 삼영사, 2015

이기백,《한국사신론》, 일조각, 2012

전국역사교사모임,《살아있는 한국사 교과서 1, 2》, 휴머니스트, 2012

역사문제연구소,《미래를 여는 한국의 역사 세트》, 웅진지식하우스, 2011

② 시대사

박영규,《한 권으로 읽는 조선왕조실록》, 웅진지식하우스, 2017

박시백,《박시백의 조선왕조실록 세트》, 휴머니스트, 2015

서중석,《사진과 그림으로 보는 한국 현대사》, 웅진지식하우스, 2013

강만길,《고쳐 쓴 한국 근대사》, 창비, 2006

③ 사료

김구,《백범일지》

이순신,《난중일기》

박지원,《열하일기》

정약용,《목민심서》

이긍익,《연려실기술》

④ 역사 소설, 에세이

유홍준,《나의 문화유산답사기》, 창비, 2018

김진명,《고구려》, 세움, 2016

김진명,《천년의 금서》(민족의 기원), 세움, 2009

이덕일,《송시열과 그들의 나라》, 김영사, 2016

이덕일,《조선 왕을 말하다》, 역사의 아침, 2010

김훈,《칼의 노래》(이순신), 문학동네, 2014

황인경, 《소설 목민심서》 (정약용), 북스타, 2014

이은성, 《소설 동의보감》 (허준), 마로니에북스, 2013

박경리, 《토지》 (일제 강점기), 마로니에북스, 2012

최명희, 《혼불》 (일제 강점기), 매인출판사, 2009

조정래, 《아리랑》 (일제 강점기), 해냄, 2007

조정래, 《태백산맥》 (해방 전후사), 해냄, 2007

조정래, 《한강》 (한국 현대사), 해냄, 2007

이인화, 《영원한 제국》 (정조), 세계사, 2006

황석영, 《장길산》 (조선 후기 사회상), 창비, 2004

조세희, 《난장이가 쏘아올린 작은 공》 (산업 사회의 문제점), 이성과 힘, 2000

방송자료

KBS 〈역사 스페셜〉

영문판

《A review of Korean History》 (한영우 교수의 《다시 찾는 우리 역사》 영어판)

참가 방법과 자주 묻는 질문(FAQ)

매월 구체적인 모임은 필자의 블로그(https://blog.naver.com/jonathanshim)를 통해 공지하고 있다. 본 모임은 필자와 탈무드식 독서 토론 모임이 개인적으로 진행하는 것으로, 국립 어린이 도서관에서 주관하는 프로그램이 아니기 때문에 도서관에 문의하거나 안내를 요청하면 안 된다. 모임에 관해서 자주 묻는 질문과 이에 대한 답변은 다음과 같다.

(1) 아이가 어린데 몇 살부터 데리고 갈 수 있나요?

A: 원칙적으로 돌 지난 후부터 데리고 올 수 있습니다. 아이가 어릴 때는 부모가 공부하고, 아이에게는 독서 토론하는 모습을 보여 주고, 문화를 만드는 시기로 봅니다. 아이가 너무 힘들어하면 엄마, 아빠 한 분만 듣고, 한 분은 아이를 데리고 1층 개가식 자료실에서 책을 읽어 줄 수 있습니다.

(2) 부모가 다 참석해야 하나요?

A: 다 오시면 좋지만, 한 분만 와도 관계없습니다.

(3) 아이가 꼭 가야 하나요?

A: 기본적으로 저희는 부모-자녀 독서 모임입니다. 자녀가 없거나 어른만 오시는 경우는 오후에 있는 탈무드식 독서 토론 부모 연습 과정을 활용하면 좋습니다.

(4) 어떤 책을 읽고 가면 되나요?

A: 저희는 주제만 제시하고, 책은 정해 주지 않습니다. 관련 주제의 책 아무것이나 읽고 질문을 5개 정도 만들어 오면 좋습니다. 시간이 없으신

부모님들은 좀 일찍 오셔서 1층 열람실에서 책을 골라 관내 대출할 수 있습니다.

(5) 역사에 대해 무지하고 아무것도 모르는데요….

A: 관계없습니다. 처음에는 다 그렇게 출발합니다. 역사에 대해 아무것도 모르는 부모도 어린이용 책은 30분이면 읽고, 아이와 함께 나눌 수 있습니다. 어른 책이 아닌 아이 책으로 시작한다 생각하고 우선 도전해 보시기 바랍니다.

(6) 언제, 어디서 하나요?

A: 현재 매월 한 번씩 둘째 주나 셋째 주 토요일 오전에 국립 어린이 청소년 도서관에서 모입니다. 독서 토론실 예약이 안 되거나 사정이 생기는 경우 다른 주로 옮길 수도 있고, 장소를 다른 곳에서 진행할 수도 있습니다. 매달 3-4주 이전에 블로그의 토요 독서 토론 폴더에 공지하므로, 최근 공지 내용을 참조하시면 됩니다.

탈무드식 독서 토론 부모 연습 과정

매달 토요일 오전에 부모-자녀 독서 토론이 있고, 같은 날 오후 2-5시에는 부모들을 위한 독서 토론 연습 과정을 진행하고 있다. 이 과정은 어른들을 위한 탈무드식 토론 실습 과정이며, 탈무드식 독서 토론의 원리와 역사 콘텐츠를 중심으로 아이와 토론하는 방법을 배운다. 총 5회 완성이며, 매회 독립적으로 운영되고 사정이 있어 빠지는 경우 다음 기수에 같은 강의를 들을 수 있다.

자세한 참가 방법은 필자의 블로그를 참조하고, 공공장소를 활용하여 진행하므로 원칙적으로 참가비는 없다. 미리 지정된 책을 읽고 질문을 만들어 와서 1:1 하브루타 토론을 하고, 해당 주제에 대한 전체 내용을 필자가 정리하는 방식으로 2시간 30분 동안 진행한다. 매회 주제는 하브루타와 유대인 교육, 역사 주제로 구성된다. 2019년 커리큘럼은 다음과 같다.

탈무드식 독서 토론 부모 연습 과정		
	탈무드식 토론 원리의 이해 / 삼국 시대	
1강	독서 과제	심정섭, 《질문이 있는 식탁 유대인 교육의 비밀》, 예담friend, 2016
	역사 독서 과제	삼국 시대, 남북국 시대 통사와 인물사
	독서 모임의 조직과 인도 / 고려 시대	
2강	독서 과제	최원일, 《한 권으로 끝내는 초등 독서법》, 라온북, 2017
	역사 독서 과제	고려 시대와 인물사
	하브루타 운동의 성과 점검 / 조선 시대	
3강	독서 과제	전성수, 《부모라면 유대인처럼 하브루타로 교육하라》, 예담friend, 2012
	역사 독서 과제	조선 시대 통사와 인물사

		질문 훈련 / 일제 강점기와 독립운동사	
4강	독서 과제	박영준, 《혁신가의 질문》, 북샵일공칠, 2017	
	역사 독서 과제	독립운동사	
		탈무드적 사고의 이해 / 해방 이후와 현대의 역사	
5강	독서 과제	심정섭, 《1% 유대인의 생각훈련》, 매일경제신문사, 2018	
	역사 독서 과제	해방 이후사와 현대사	

한 달에 한 번씩 모임을 갖고, 다음 번 모임을 위해 아래와 같은 독서 과제를 해야 한다.

(1) 지정 도서 질문 만들기: 해당 수업 이전까지 책을 읽고, 더나음 연구소 카페(http://cafe.naver.com/birthculture)에 독서 과제로 주어진 책에 대한 간단한 서평과 질문을 5개 이상 만들어 올린다.

(2) 역사 주제 질문 만들기: 해당 주제와 관련된 아무 역사책이나 읽고, 역시 질문 5개를 만들어 올린다. (시간이 없으면 어린이 책을 보길 권한다.)

(3) 더나음 연구소 카페에는 이전 기수 참석자들이 올린 질문이 있으니 처음 참석하는 분들은 이 내용을 참조해도 된다.

송년 북파티와 부모와 함께 쓰는 자기 소개서 특강

우리 독서 토론 모임만의 문화를 만들기 위해 토론이 끝나면 "자연육아,

자연교육"이라는 구호로 '독토 박수'를 한다. 이는 양재 나비의 "공부해서, 남을 주자"라는 박수 구호 문화를 우리에게 맞게 적용한 것이다.

12월 마지막 모임에서는 독서 토론과 함께 송년 북파티를 한다. 한 해 동안 감사 나눔을 하고, 한 해 동안 읽은 책 중 가장 좋았던 책을 소개하고, 다음 순번의 가정에게 새 책을 선물하는 식으로 진행한다.

예를 들어 다음과 같은 모습이다.

① 간단한 인사 : 안녕하세요. 저희는 분당에서 온 현수네 가정입니다. 독토에는 5번째 참석하고 있고요.

② 감사 나눔: 올해 저희 가정의 가장 감사한 것은 아빠가 새로운 직장에 만족스럽게 근무하고 있고, 아이들도 바뀐 환경에 잘 적응해서 학교도 잘 다니고 있다는 점입니다. 그리고 저희 어머니께서 당뇨가 있으셨는데, 건강 독서 과정을 듣고, 식단 조절과 운동을 하셔서 많이 상태가 나아지신 것도 감사합니다.

③ 책 나눔 : 제가 올해 읽은 책 중에 가장 인상 깊었던 책은 건강 독서 모임에서 읽은 안드레아 모리츠의 《암은 병이 아니다》입니다. 이 책에서는 암을 자연 현상으로 이해하고, 무조건 없애고 치료에만 몰두하기보다, 암이 생기는 근본적인 원인을 해결하고, 자연의 방법으로 치유해야 한다는 이야기입니다. 지금까지 제가 가지고 있던 건강 상식과는 다른 내용이 있

어서 약간 당황스러웠지만, 지금 같은 시대에 어떻게 중심을 잡아야 하는지에 대한 통찰력을 얻을 수 있었습니다. 그럼 저는 이 책을 다음 가정에게 선물하도록 하겠습니다.^-^

12월 다른 한 주에는 부모와 함께 쓰는 자기 소개서 특강을 진행한다. 이때는 스토리 교육에 대해 배우고, 다음 학기 그리고 앞으로의 학교생활을 어떻게 할지에 대한 계획을 아이와 부모가 같이 세우고, 매년 그 내용을 업데이트하는 시간을 갖는다.

처음에는 이런 모든 시도들에 많은 시행착오가 있었지만, 이제 어느 정도 자리가 잡히고 새로운 문화가 되었다. 탈무드식 독서 토론과 가족 문화에 관심이 있다면 가장 먼저 해야 할 일은 이런 모임을 하는 곳에 가서 보는 것이다. 그리고 한번 같이 실천해 보고, 가능하다면 자신이 있는 지역에서 뜻이 맞는 가정과 함께 이런 모임을 하며 문화를 만들어 갈 공동체를 이루는 것이다. 아무쪼록 전국에 이런 독토 문화가 많이 확산되기를 바란다.

02 참고문헌

단순히 책 제목을 나열하기보다 주제별로 하브루타, 이와 연관된 유대인 자녀교육, 탈무드 연구에 관해 더 찾아볼 수 있는 자료를 정리하였다.

① 하브루타 운동 1세대 출간 도서

한국에서 하브루타 운동을 본격적으로 시작한 고(故) 전성수 교수, 김정완, 양동일 대표 출간 도서 목록이다. 하브루타의 개념과 초기 실천에 관련된 내용이 주를 이룬다.

전성수, 《자녀교육 혁명 하브루타》, 두란노, 2012

→ 탈무드식 1:1 토론을 '하브루타'라는 이름으로 국내에 처음 소개하고, 무너져 가는 한국 교육의 대안으로 하브루타를 제시한 책이다.

전성수, 《부모라면 유대인처럼 하브루타로 교육하라》, 예담friend, 2012

→ 하브루타를 좀 더 대중적으로 알리고, 하브루타 운동이 본격적으로 시작하는 계기가 된 책이다.

전성수, 양동일, 《질문하는 공부법, 하브루타》, 라이온북스, 2014

양동일, 이성준, 《'말하는' 역사 하브루타》, 한국경제신문i, 2018

리브카 울머, 모쉐 울머 저/김정완 역, 《하브루타 삶의 원칙 쩨다카》, 한국경제신문사(한경비피), 2018

김정완, 양동일, 《질문하고 대화하는 하브루타 독서법》, 예문, 2016

양동일, 《토론 탈무드》, 매일경제신문사, 2014

② 하브루타 운동 2세대 출간 도서

초기 하브루타 운동에 영향을 받아 학교와 학원, 가정 등 교육 현장에서 적용하고 실천한 사례들을 담은 도서들이다.

김혜경, 《하브루타 질문 독서법》, 경향비피, 2018

김혜경, 《하브루타 부모 수업》, 경향비피, 2017

이성일, 《하브루타로 교과 수업을 디자인하다》, 맘에드림, 2018

이성일, 《얘들아, 하브루타로 수업하자!》, 맘에드림, 2017

양경윤, 《하브루타 질문 수업에 다시 질문하다》, 즐거운학교, 2018

권문정, 채명희, 《하브루타 질문 놀이터》, 경향비피, 2017

김금선, 염연경, 《생각의 근육 하브루타》, 매일경제신문사, 2016

③ 기타 하브루타 도서

이외에 하브루타라는 이름으로 국내에 출간된 도서들이다. 몇몇 책은 하브루타라는 이름을 쓰기는 했지만, 기존에 저자가 가지고 있던 질문이나 토론 교육 원리를 하브루타라는 이름을 활용해서 정리한 책도 있으므로 주의해서 읽을 필요가 있다.

유현심, 서상훈, 《하브루타 일상 수업》, 성안북스, 2018

김보연 외 공저, 《하브루타 수업 디자인》, 맘에드림, 2018

유순덕, 《하브루타 창의력 수업》, 리스컴, 2018

양미현, 《하루 10분 생각습관 하브루타》, 미다스북스, 2018

임보연, 《하루 10분 감정 하브루타》, 미다스북스, 2018

김수진 외 공저, 《대한민국 엄마표 하브루타》, 공명, 2018

김윤순, 《생각뇌를 키우는 하브루타》, 경향비피, 2018

이진숙, 《하브루타 질문 놀이》, 경향비피, 2017

하브루타수업연구회, 《하브루타 수업 이야기》, 경향비피, 2017

DR하브루타교육연구회, 《하브루타 질문 수업》, 경향비피, 2016

황순희, 《독서하브루타》, 시그마프레스, 2015

④ 유대인 자녀 교육 전반

심정섭, 《질문이 있는 식탁, 유대인 교육의 비밀》, 예담friend, 2016

고재학, 《부모라면 유대인처럼》, 예담friend, 2010

현용수, 《현용수의 인성교육 노하우 1–4》, 쉐마, 2015

현용수, 《유대인 아버지의 4차원 영재교육》, 쉐마, 2015

현용수, 《문화와 종교교육》, 쉐마, 2011(수정판)

→ 현용수 박사는 정통파 유대인 가정 연구를 통한 우리나라 유대인 자녀 교육 연구의 새로운 지평을 연 선구자로 기독교 교육 측면에서 유대인 가정 교육 원리를 한국 교회에 적용하는 '쉐마 교육' 운동을 전개했다. 초기 하브루타 운동가들이나 필자도 모두 현용수 박사의 쉐마 교육 교육생 출신이다. 방대한 유대인 자녀 교육 연구의 초점이 기독교 교육과 다음 세대로의 신앙 전수에 맞춰져 있다.

⑤ 탈무드 원전 공부

마이클 카츠, 거숀 슈워츠 저/주원규 역, 《원전에 가장 가까운 탈무드》, 바다출판사, 2018 (원제, Swimming in the Sea of Talmud: Lessons for Everday Living (1997))

심정섭, 《1% 유대인의 생각훈련》, 매경출판사, 2018

랍비 아론 패리 저/김정완 역, 《랍비가 직접 말하는 탈무드 하브루타》, 한국경제신문i, 2017

(원제, The Complete Idiot's Guide to the Talmud (2004))

마빈 토케이어 저/ 강영희 역, 《탈무드》, 브라운힐, 2013

조셉 텔루슈킨 저/김무겸 역, 《죽기 전에 한 번은 유대인을 만나라》, 북스넛, 2012

(원제, The Book of Jewish Values (2000))

03 역사 하브루타 실천 노트

주제

아이가 읽은 책

아빠, 엄마가 읽은 책

아이의 질문

1.

2.

3.

4.

5.

아빠, 엄마의 질문

1.

2.

3.

4.

5.

오늘 배운 내용

다음 시간에 더 공부하고 싶은 주제나 실천해 볼 내용

03 역사 하브루타 실천 노트

년　월　일

주제

아이가 읽은 책

아빠, 엄마가 읽은 책

아이의 질문

1.

2.

3.

4.

5.

아빠, 엄마의 질문

1.

2.

3.

4.

5.

오늘 배운 내용

다음 시간에 더 공부하고 싶은 주제나 실천해 볼 내용

심정섭의 역사 하브루타

초판 1쇄 발행 2019년 3월 1일

지은이 심정섭
발행인 조상현
마케팅 조정빈
편집인 김주연
디자인 Design IF
펴낸곳 더디퍼런스

등록번호 제2018-000177호
주소 경기도 고양시 덕양구 큰골길 33-170 (오금동)
문의 02-712-7927
팩스 02-6974-1237
이메일 thedibooks@naver.com
홈페이지 www.thedifference.co.kr

ISBN 979-11-6125-181-3 13590